CHRISTINE WILDE

# Degus

## HALTEN — PFLEGEN — VERSTEHEN

MIT KOSMOS MEHR ENTDECKEN
Der ideale
Einstieg
SEIT 1822

**KOSMOS**

# Inhalt

## In drei Schritten zum Experten

**1. SCHRITT**
**alles im Überblick**

Am Anfang des Kapitels finden Sie das Wichtigste auf einen Blick. Seitenverweise führen Sie gezielt zu den ausführlichen Informationen.

**2. SCHRITT**
**alles Wissenswerte**

Abgeschlossene Doppelseiten bieten weiterführende Informationen zu den Themen. Entweder lesen Sie von hier aus weiter oder Sie gehen zurück zum Überblick, um das nächste Thema auszuwählen.

**3. SCHRITT**
**alle Extras**

Das könnte Sie auch noch interessieren, denn hier finden Sie Themen, die über das Wesentliche hinausgehen. Diese Seiten sind kein Muss, machen aber neugierig und Lust auf mehr.

## AUSSUCHEN

 **alles im Überblick**

 **alles Wissenswerte**

 **alle Extras**

# Degus und Gehege

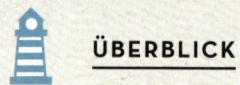
# Grundausstattung

**S. 10**

## Vorab bedacht?

Schon bevor die Degus einziehen, sollten Sie sich gründlich prüfen und vorbereiten. Passt die Degugruppe auch in den nächsten acht Jahren noch in Ihr Leben? Die Grundausstattung für die Degus wird vor dem Einzug gewissenhaft vorbereitet. Die passende Degugruppe wird anschließend im Tierheim, in privaten Notaufnahmen oder beim Züchter ausgesucht. Erst dann geht es los mit dem spannenden Abenteuer Deguhaltung und Sie lernen Ihre Tiere beim Auslauf näher kennen.

**S. 12**

## Checkliste

**Darauf müssen Sie beim Degukauf achten**

- ☐ Die Degus sind munter, aktiv und mindestens sieben Wochen alt.
- ☐ Sie sind nach Geschlechtern getrennt.
- ☐ Das Fell liegt glänzend an und hat keine Krusten oder Lücken.
- ☐ Die Augen sind glänzend.
- ☐ Nase, Ohren und After sind sauber und ohne Krusten.
- ☐ Das Gehege ist sauber und riecht nach frischem Heu.

**S. 14**

## Wer mit wem?

Gruppen mit gleichgeschlechtlichen Degus aus einem Wurf vertragen sich gut. Ein kastriertes Böckchen kann auch mit mehreren Weibchen gehalten werden. Sind mehrere Böcke zusammen mit Weibchen, kommt es zu Streit.

S. 20

## Grundausstattung

- ❏ Großes Degugehege
- ❏ Etagen und Rampen
- ❏ Häuschen und Röhren
- ❏ Großes Laufrad
- ❏ Futter- und Wassernapf
- ❏ Sandbad und Sand
- ❏ Einstreu und Heu
- ❏ Hochwertiges Trockenfutter

S. 26

## Auslauf nagesicher

Degus sind aktive und neugierige Tiere. Damit sie sich nicht langweilen, sollten sie regelmäßig die Möglichkeit bekommen, etwas Neues im Auslauf kennenzulernen. Allerdings ist der Auslauf sowohl für Ihre Wohnung als auch für die Degus nicht ganz ungefährlich. Deshalb ist es wichtig, die Auslauffläche einzugrenzen, abwechslungsreich zu gestalten und alle Gefahrenquellen zu beseitigen.

S. 24

## VIELE TOLLE EINRICHTUNGS-IDEEN FÜR DEGUS

 **001**   **GRUNDAUSSTATTUNG** Eine ausführliche Einkaufsliste für unterwegs finden Sie hier.

# Wo wilde Degus wohnen

**Die wilde Verwandtschaft** Unsere Degus gehören zur großen Ordnung der Nagetiere und darin zur Familie der „Trugratten". Sie sehen Ratten allerdings nur entfernt ähnlich und haben auch sonst kaum Gemeinsamkeiten mit Ratten. Ihr Körperbau ist runder, sie haben ein weicheres Fell und einen dichter bewachsenen Schwanz mit Quaste. Genaue Untersuchungen ihrer DNA, ihres Verhaltens und ihres Körperbaus erbrachten eine nähere Verwandtschaft mit Meerschwein-chen und Chinchillas, deshalb werden sie zu den Meerschweinchenverwandten gezählt. Von Meerschweinchen und Chinchillas unterscheiden sie sich allerdings erheblich. Es gibt vier Deguarten. Unsere Heimtiere gehören zu der am meisten verbreiteten Art mit der geringsten Körpergröße, den Gewöhnlichen Degus (*Octodon degus*). Ihre engsten Verwandten sind der Walddegu (*Octodon bridgesi*), der Küstendegu (*Octodon lunatus*) und der Pazifikdegu (*Octodon pacificus*).

**Gut bewacht** Der Deguwächter hat von einem erhöhten Felsen aus einen guten Überblick und entdeckt Feinde schnell.

**Karge Landschaft** Die weite Steppenlandschaft Chiles bietet den Degus optimale Bedingungen, um große Kolonien auszubilden.

## Chilenische Steppenbewohner

In freier Wildbahn leben Degus vor allem in Nord- und Zentralchile. Sie bewohnen bevorzugt die echte Steppenlandschaft. Diese ist hügelig, sandig, trocken, felsig, mit leichtem Strauchbewuchs und bietet als Nahrung vor allem Gräser und Kräuter. Degus wurden sogar schon in Wüstenrandgebieten gefunden. Hingegen meiden sie Wälder und sehr dicht bewachsene Landstriche. Allerdings besiedeln sie durchaus auch gern gepflegte Gärten und Ackerrandgebiete, weshalb sie in ihrer Heimat teilweise als Schädlinge angesehen und auch verfolgt werden. Sie gelten als die am häufigsten vorkommenden Säugetiere in Zentralchile.

## Die Deguwohnung

In der freien Steppe sind Degus leichte Beute für Raubvögel und Raubtiere. Deshalb legen sie große unterirdische Gang- und Höhlensysteme an, um sich zu schützen. Diese Höhlensysteme bestehen aus röhrenartigen Gängen, an die Vorrats-,

Nist- und Schlafkammern angeschlossen sind. Die Ausgänge liegen üblicherweise geschützt unter Büschen oder Felsen. Über den Tunneln befinden sich meist größere Haufen aus Steinen, Zweigen, Erde und auch Kot. Sie werden auch als „Feldherrenhügel" bezeichnet und es gibt die Theorie, dass die Größe dieser Hügel den Rang der Gruppe oder des leitenden Männchens innerhalb der Degugemeinschaft anzeigt.

## Familienzusammenhalt

Degus sind sehr gesellige Tiere und leben in einem großen Familienverbund zusammen. Die kleinste Einheit einer solchen Familie bildet der Harem. Ein Degumännchen lebt mit bis zu drei Weibchen und den Jungen zusammen. Eine große Familie besteht aus bis zu zehn Männchen mit ihren Weibchen. Innerhalb dieser Gruppe gibt es eine klare Rangordnung und ein dominantes Männchen, dem sich die anderen unterordnen. Gemeinsam verteidigen sie ihr Revier gegen andere Gruppen und Eindringlinge.

# Degus als Heimtiere

**Neugierige Herzensbrecher** Immer länger werden die Degus, während sie sich vom höchsten Punkt der Voliere aus ihrem Halter in freudiger Erwartung entgegenrecken. Die schwarzen Knopfnasen schnuppern aufgeregt in der Hoffnung auf ein Leckerchen. So wird der Mensch meistens von seinen Degus begrüßt. Nur selten werden Degus nicht handzahm, manche interessieren sich nicht für Menschen. Aber auch nicht zahme Degus sind aufregende Hausgenossen,

denen man stundenlang bei ihrem wilden Treiben im Gehege zuschauen kann. Kein Wunder also, dass sie so beliebte Haustiere geworden sind.

## Prüfen Sie sich

Damit Sie lange Freude an Ihren Degus haben und die Tiere sich bei Ihnen wohlfühlen, ist es nötig, sich vorab einige Fragen zu stellen und diese bitte auch ehrlich zu beantworten.

**Neugierige Fellnasen** Lang gestreckt, mit großen Augen und neugierig schnuppernder Nase begrüßt der Degu seinen Menschen.

**Vorsichtig** Mit den Hinterpfoten noch auf der oberen Etage wird die Lage gecheckt. „Gibt es etwas Schönes?"

**Ausgestreckt** Immer länger wird der Degu bei dem Versuch, von der sicheren Etage aus ein Leckerchen abzustauben.

— Haben Sie ausreichend Platz für eine große Deguvoliere und stören Sie der Schmutz und der Lärm der Degus wirklich nicht?

— Sind Sie bereit, Ihre Degugruppe von mindestens vier Tieren über deren gesamte Lebensspanne von fünf bis sechs J ahren täglich zu versorgen?

— Ist sichergestellt, dass die Degus versorgt werden, wenn Sie in den Urlaub fahren oder längere Zeit krank sind?

— Wurden alle Familienmitglieder auf Allergien gegen Degus und vor allem gegen Heu, Staub und Einstreu negativ getestet?

— Können Sie im Krankheitsfall die Tierarztkosten und die manchmal recht aufwendige Krankenpflege übernehmen?

Nur wenn Sie alle Fragen eindeutig mit „Ja" beantworten können, sind Degus die richtigen Haustiere für Sie.

## Degus für Kinder?

Natürlich sind Kinder von den quirligen Degus fasziniert und viele hätten sie gern als Haustier. Aber so begeistert Kinder anfangs von Degus sind, so schnell lässt die Begeisterung allerdings auch wieder nach. Die Verantwortung für die

Degus muss immer in den Händen Erwachsener liegen, die die tägliche Versorgung übernehmen und ihre Kinder sanft anleiten. Kinder bis drei Jahre sollten die Degus nur anschauen dürfen, sie haben noch nicht die nötige Feinmotorik, um die Tiere zu händeln. Es besteht Verletzungsgefahr für die Degus, wenn das Kind zu stark zufasst, und natürlich auch für das Kind, denn Degus wehren sich mit Zähnen und Krallen. Kinder bis zum achten Lebensjahr können gern bei der Versorgung der Degus helfen, dürfen auch beim Auslauf dabei sein, sollten aber nicht mit den Degus allein gelassen werden. Erst mit zehn bis zwölf Jahren können Kinder eigenverantwortlich Degus halten und versorgen. Ein Pflegeplan sollte sie an ihre täglichen Aufgaben erinnern.

### NICHT INS KINDERZIMMER!

Degus sind am Abend munter, wenn die Kinder schlafen sollten. Mit ihren Geräuschen könnten sie den Schlaf des Kindes stören. Die Einstreu staubt und kann die Atemwege der Kinder reizen. Im Kinderzimmer könnte die Versorgung der Tiere vergessen werden.

# Die richtigen Degus finden

**Die Qual der Wahl** Nachdem die Entscheidung für Degus als Heimtiere gefallen ist, stellt sich die Frage, woher die neuen Mitbewohner kommen sollen und was beim Kauf zu beachten ist.

## Prüfen Sie den Anbieter

Die großen Gehege sind sauber und artgerecht mit Laufrädern und Häusern ausgestattet. Die Tiere sind mit frischem Futter, Heu und Wasser versorgt. Es sind keine kranken Tiere im Gehege und die Abgabetiere sind nach Geschlechtern getrennt. Sie werden kompetent und in Ruhe beraten und bekommen Zeit, sich Ihre neuen Hausgenossen auszusuchen.

**Degus aus dem Tierschutz**

In vielen Tierheimen, Vereinen und auch bei privaten Notaufnahmen bekommen Sie Degus in allen Altersgruppen. Die Tiere sind dort üblicherweise gesund, werden häufig sogar in passenden Gruppen vermittelt. Viele der Pfleger kennen ihre Schützlinge sehr gut und helfen bei Fragen weiter, auch nach dem Kauf der Tiere.

**Degus vom Züchter**

Beim Züchter bekommen Sie meist auch Degus in ausgefallenen Farben, wie gescheckte oder helle Degus. Sie können die Eltern Ihrer Degus sehen und häufig ist es möglich, Ihre Degus schon als kleine Jungtiere kennenzulernen.

**Neuer Freund** Suchen Sie sich Ihre Degus in Ruhe aus.

**Gesundheitscheck** Nehmen Sie nur gesunde Degus mit.

**Gute Freunde**  Diese zwei Degus sind echte Kumpel und sollten zusammen in ihr neues Zuhause ziehen.

### Degus aus Privathand

In Anzeigen und im Internet werden häufig Degus angeboten. Hier sollten Sie schon sehr genau hinschauen, denn oft entpuppen sich Deguschnäppchen aus dem Internet als Problem. Selten wird brauchbares Zubehör mitgegeben. Oft sind die Degus krank und müssen erst einmal behandelt werden oder die Weibchen sind tragend, weil die Tiere nicht rechtzeitig nach Geschlechtern getrennt wurden.

### Degus aus dem Fachhandel

Degus gibt es in jedem größeren Zoofachgeschäft und sogar in den Zooabteilungen vieler Baumärkte. Die Tiere stehen in diesen Läden stark unter Stress, wurden häufig zu früh von den Eltern, aber nicht nach Geschlechtern getrennt. Es findet selten eine gute Beratung statt und Sie erfahren nichts über die Herkunft der Tiere.

## Schauen Sie genau hin

Überprüfen Sie das Geschlecht der Degus (siehe Seite 15) und führen Sie einen kleinen Gesundheitscheck durch (siehe Seite 50). Nehmen Sie nur gesunde Degus mit nach Hause.

Die Degus sollten bei der Abgabe mindestens acht Wochen alt sein. Nehmen Sie das gewohnte Futter der Tiere mit und gewöhnen Sie die Tiere erst nach und nach an ein anderes Trockenfutter und neue Frischfuttersorten.

### DER TRANSPORT

Verwenden Sie für den Heimtransport der Degus nur eine gut belüftete Box aus Hartplastik oder besser aus Metall mit einer Größe ab 20 x 30 x 20 cm. Durch Kartons nagen sich die Degus schnell hindurch. Auch kleine Gitterkäfige eignen sich als Transportbox, vor allem im Sommer sind sie besser belüftet als Boxen. Die Box wird dick eingestreut sowie mit Futter und Nistmaterial versehen.
Bringen Sie die Tiere direkt nach dem Kauf ohne Umweg nach Hause und lassen Sie die Degus auf keinen Fall unbeaufsichtigt im Auto zurück!

**TIERE KAUFEN**  Was es beim Kauf zu beachten gilt, finden Sie hier auf einen Blick.

# Die optimale Zusammensetzung

**Wilde Degus leben in Großfamilien** (siehe Seite 9). Auch unsere Heimtiere brauchen immer Artgenossen, mit denen sie sich sicher fühlen und mit denen sie zusammengekuschelt auf einem Haufen schlafen können. Deshalb dürfen Degus auf keinen Fall allein gehalten werden, auch andere Tiere, wie Meerschweinchen oder Chinchillas, ersetzen die Artgenossen nicht.

## Trubel in der Truppe

Erst ab einer Gruppe von vier Tieren können Degus ihr Sozialverhalten voll ausleben. Optimal wäre die Haltung im Harem, also ein Böckchen und drei Weibchen. Aber natürlich ist das in der Heimtierhaltung nicht ratsam, da es ständig zu Nachwuchs kommen würde (siehe Seite 72). Es wäre möglich, das Böckchen kastrieren zu lassen,

**Nie allein!** Ums Futter streiten, gemeinsam fressen, spielen, laufen, buddeln und natürlich kuscheln, Degus brauchen Freunde!

aber nicht alle Tierärzte nehmen eine solche Operation vor. Wird das Männchen kastriert, sollte man berücksichtigen, dass es noch bis zu sechs Wochen zeugungsfähig ist und erst nach diesem Zeitraum zu den Weibchen darf. Im gleichgeschlechtlichen Rudel übernimmt meist eines der Tiere die Rolle des Gruppenchefs und auch hier findet ein harmonisches Sozialleben statt. Es können auch wesentlich mehr Degus zusammen gehalten werden, doch ab einer Gruppengröße von mehr als acht Tieren kommt es erfahrungsgemäß häufiger zu Rangstreitigkeiten, sodass man die Gruppe gegebenenfalls trennen muss.

## Männchen oder Weibchen?

Wenn Sie Erst-Deguhalter sind, bietet es sich an, mit einer gleichgeschlechtlichen Gruppe anzufangen. Geschwister und Tiere aus einer Familie verstehen sich, vermutlich aufgrund ihres ähnlichen Geruchs, meist sehr gut. Männchen werden genauso zahm wie Weibchen und riechen auch nicht strenger. Es ist auch möglich, kastrierte Böcke mit mehreren Weibchen zusammen zu halten.

## Geschlechtsbestimmung

Die Geschlechtsbestimmung bei Degus ist nicht ganz leicht. Die Männchen ziehen ihre Hoden ein, sodass sie nicht zu sehen sind. Der Penis der Männchen ist ebenfalls eingezogen und nur sehr erfahrene Tierärzte können diesen durch etwas Druck auf den Bauch hervortreten lassen. Als Laie sollte man das nicht selbst probieren, da man den Degu dabei verletzen könnte. Beide Tiere verfügen über einen sogenannten „Geschlechtszapfen", beim Männchen beherbergt dieser den Penis, aber auch beim Weibchen kann er sehr ausgeprägt sein.

## Bunt gemischt

Spielt die Fellfarbe eine Rolle bei der Gruppenbildung? Nein, unsere Beobachtungen zeigen deutlich, dass es für Degus keine Rolle spielt, ob der Partner gescheckt, heller oder dunkler ist. Der Geruch und das Verhalten sind entscheidend bei der Partnerwahl.

### DAS GESCHLECHT BESTIMMEN

Halten Sie das Tier mit der Bauchseite nach oben.

Das einzige sichere Unterscheidungsmerkmal ist der Abstand zwischen diesem Geschlechtszäpfchen und der Afteröffnung.

1. Beim Weibchen ist der Abstand zwischen Geschlecht und After sehr gering, ca. 4 mm,
2. beim Männchen ist der Abstand größer, gut 1 cm, und es ist eine weiße Narbe zu erkennen.

Vergleichen Sie am besten mehrere Tiere miteinander, um eine eindeutige Geschlechtsbestimmung vorzunehmen.

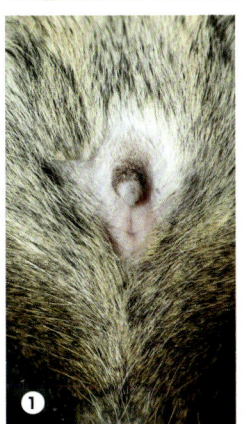 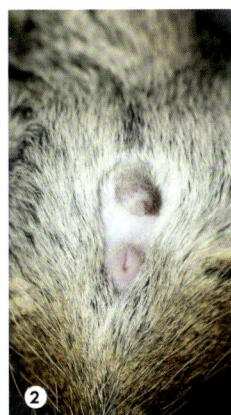

# Degus vergesellschaften

**Degugruppen haben eine klare Rangordnung,** in die sich neue Degus langsam integrieren müssen. Werden fremde Degus ohne Eingewöhnung in einem Gehege zusammengesetzt, kommt es zu massiven und sogar blutigen Auseinandersetzungen. Deshalb ist es wichtig, dass Degus neue Mitbewohner langsam auf neutralem Gebiet im Auslauf kennenlernen können.

## Jungtiere

Verhältnismäßig einfach ist die Vergesellschaftung von Jungtieren bis zu einem Alter von etwa acht bis zwölf Wochen. Sie riechen relativ neutral, haben noch keinen festen Rang und finden sich schnell zusammen. Einzelne erwachsene Tiere können normalerweise auch einfach in eine Gruppe von Jungtieren integriert werden.

**Harmloses Geplänkel** Diese beiden Degus klären gerade ihren Rang, indem sie sich aufrecht stehend boxen, bis einer aufgibt.

**Gemeinsames Mahl** Ist der Rang erst einmal geklärt, schweißt das gemeinsame Fressen die Gruppe enger zusammen.

## Am Gitter kennenlernen

Erwachsene Degus sollten neue Artgenossen anfangs in Ruhe beschnuppern dürfen. Trennen Sie das Gehege in der Mitte mit einem festen Gitter/ Volierendraht in zwei Hälften. Die Degus sollten sich sehen und riechen, aber nicht erreichen können. In jeder Gehegehälfte sollten Einstreu, Futter, Wasser, Nistmaterial, Unterschlupf und Sandbad vorhanden sein. Begegnen sich die Degus am Gitter friedlich und freundlich, reicht es aus, die Tiere einige Tage so zu trennen. Das Sandbad wird täglich hin und her getauscht, damit die Degus über den Sand einen gemeinsamen Geruch entwickeln. Reagieren die Tiere aggressiv, werden sie täglich hin und her getauscht, damit sie im Nest der anderen schlafen. Es kann einige Wochen dauern, bis sie ruhiger werden. Erst wenn die Degus friedlich und freundlich auf die neuen Artgenossen reagieren, dürfen sie gemeinsam in den neutralen Auslauf.

## Gemeinsamer Auslauf

Richten Sie einen abgegrenzten Bereich mit einem Unterschlupf, Futter und Nistmaterial ein. Setzen Sie nun alle Degus gemeinsam in den Auslauf und beobachten Sie das Geschehen. Es ist normal, dass Degus fiepen, wenn sie aufgeregt sind. Ebenso, dass sie sich jagen, aufrichten, treten und auch besteigen. Bald sollten sie aber auch schon gemeinsam fressen oder neugierig den Auslauf erkunden. Beißen sich die Degus in Gesicht und Hals, müssen sie sofort getrennt werden. Nur wenn die Degus sich gegenseitig dulden, vielleicht sogar schon putzen oder zusammen schlafen, dürfen sie gemeinsam in ihr Gehege ziehen.

## Wohngemeinschaft

Das gemeinsame Gehege der neuen Degugruppe wird vor dem Einzug gereinigt und die Einrichtung wird umgestellt. Einstreu und Sandbad werden aus beiden Seiten gemischt. Beobachten Sie die erste Zeit die Tiere gut und lassen Sie die Degus nur zusammen, wenn sie sich gut vertragen.

### Tipp: Vorsichtig trennen!

Haben sich die Degus ineinander verbissen, greifen Sie nie mit der bloßen Hand dazwischen! Trennen Sie die Degus vorsichtig mit einer dicken Pappe. Manchmal reicht es auch aus, die Tiere anzupusten oder etwas Heu auf sie rieseln zu lassen.

# Ausbruchssichere Gehegeideen

**Aktive Tiere** Unsere Degus sind sehr aktive und wuselige Wesen. Sie klettern, springen und buddeln den ganzen Tag. Damit sie sich nie langweilen, sollte ihr Gehege diesem Bewegungsdrang gerecht werden.

**Spannende Gehege** Badesand, Buddelecke, Häuser und noch viel mehr, das muss alles im Gehege Platz finden.

## Es kann nicht groß genug sein

Obwohl Degus so kleine Tiere sind, benötigen sie viel Platz. Ihr Gehege sollte mindestens eine Grundfläche von 0,6 m² und eine Höhe von 1,4 Meter haben. Größer darf es immer werden, erst in Gehegen ab einer Grundfläche von 1 m² und einer entsprechenden Höhe können richtig tolle Degulandschaften entstehen.

## Nagefest

Degus nagen sich in Windeseile durch Hölzer, Plastik und sogar durch härtere Materialien. Käfige mit einer Bodenschale aus Kunststoff eignen sich demnach nicht für die Unterbringung. Gehege aus umgebauten Schränken, Holzregalen und Eigenbauten aus Holz müssen so konstruiert sein, dass die Degus keinen Ansatzpunkt zum Nagen finden. Bei Holzgehegen werden alle Ecken und Kanten am besten mit Aluminiumschienen versehen. Volieren aus Drahtgeflecht eignen sich gut für die Unterbringung.

Der Gitterabstand sollte 1,2 cm nicht überschreiten, sonst könnten sich die Degus leicht am Gitter verletzen. Achten Sie bei gekauften Volieren darauf, dass diese ausreichend große Türen haben, damit Sie die Degus auch nach dem Anbringen der Etagen noch überall erreichen können. Aquarien und Terrarien sind zu schlecht belüftet

**Aufregende Einrichtung** Auf jeder Ebene im Gehege gibt es etwas Spannendes zu entdecken, so wird es nie langweilig.

und eignen sich nicht als langfristiger Lebensraum. Als zusätzliche Buddelgehege können große Aquarien jedoch angeboten werden.

## Ein Gehege mit Struktur

Der richtige Aufbau und die Struktur des Geheges sind für das Wohlbefinden der Degus sehr wichtig. Im unteren Bereich wird das Gehege mindestens 30 cm hoch eingestreut, damit die Degus buddeln können. Volieren sollten im unteren Bereich mit einer Umrandung versehen werden, damit die Späne nicht durch die ganze Wohnung fliegt. Direkt darüber sollte sich eine Etage befinden, denn Degus buddeln ihre Eingänge zu den unterirdischen Höhlen am liebsten unter einem geschützten Plätzchen. Da sich Degus gern hoch oben auf Etagen aufhalten, sollte das Gehege mit verschiedenen Ebenen so strukturiert werden, dass die Degus nie tiefer als 30 cm fallen können.

## Einstreu

Gut geeignet sind Einstreuarten aus Pflanzenmaterial, Maisrispe, Hanf, Lein, Laubhölzern, Baumwolle, Zellstoff und Miscanthus. Weichholzspäne aus Nadelhölzern eignen sich nicht

so gut, da die enthaltenen ätherischen Öle die empfindlichen Atemwege der Degus reizen. Heu und hochwertiges Stroh können in die Einstreu eingearbeitet werden. Geben Sie einfach einen Berg Stroh auf die Einstreu, die Degus erledigen dann das Einarbeiten selbst. Katzenstreu und Pelleteinstreu eignen sich nicht.

Zum Nestbauen werden regelmäßig unparfümiertes und unbedrucktes Toilettenpapier, Laub und weiches Papier angeboten. Achten Sie bei allen Papierarten darauf, dass das Papier keine scharfen Kanten hat und wasserlöslich ist.

**Hoch oben** Von der Etage aus hat der Degu einen tollen Überblick über die Umgebung. Das bietet ihm Sicherheit.

# Einfach losrennen — Laufräder und Co.

**Flinke Beine** Wenn Degus in ihrer Heimat über die Wiesen flitzen, scheinen sie regelrecht dahinzufliegen. In keinem noch so großen Gehege können Degus allerdings einfach mal losflitzen. Das Laufen bedeutet für sie jedoch auch Stressabbau. Deshalb ist es wichtig, ihnen ein gutes Laufrad zur Verfügung zu stellen.

## Rückenschonender Sport

Die meisten im Handel erhältlichen Laufräder sind leider zu klein für Degus. In Rädern mit einem Innendurchmesser unter 30 cm biegt der Rücken zu stark durch. Die Tiere bekommen vom Laufen in zu kleinen Rädern Rückenschäden.

Deshalb sollte das Rad groß genug gewählt werden, mindestens 30, besser 35 cm Durchmesser wären für Degus geeignet. Sind Ihre Degus allerdings ganz besonders groß, wäre sogar ein Rad mit 40 cm Durchmesser angemessen.

## Nagesicher

Räder aus Plastik werden von den Degus ratzfatz zernagt. Die meisten Holzlaufräder aus Weichholz halten den Nagezähnen der Degus auch nicht lange stand. Etwas widerstandsfähiger sind Räder aus hartem Birkenholz, unsere „Testdegus" haben sie nicht so schnell zerlegt. Optimal wären Räder aus Aluminium oder anderen Metallen.

**Lieblingsplatz** Die Degus fühlen sich in ihrem Rad so wohl, dass sie es für das Mittagsschläfchen nicht verlassen wollen.

**Angefressen** Nicht nagesichere Räder sehen nach kurzer Zeit ungefähr so aus ...

## Gefahren vermeiden

Die Lauffläche des Rades sollte durchgehend geschlossen sein. In Rillen oder Gittern können sich die Tiere ihre Füße einklemmen oder mit den Krallen hängen bleiben. Besonders gut geeignet sind Laufflächen mit einem leichten Profil oder einer Korkabdeckung. Eingeklebte hohe Streben hingegen können zu Stolperfallen werden.
Das perfekte Laufrad ist auf der Vorderseite komplett offen und auf der Rückseite verschlossen. Auf der Rückseite befinden sich ein hochwertiges Kugellager und die Aufhängung. Das Laufrad kann dort direkt an der Gehegewand befestigt oder mit einem Ständer aufgestellt werden. Räder mit Öffnungen an beiden Seiten und einer beidseitigen Aufhängung sind gefährlich. Die Degus könnten sich beim Aussteigen zwischen den Haltestreben und dem Standbein einklemmen und schlimmstenfalls strangulieren.

## Laufteller sind gefährlich!

Laufteller aus Metall sind beliebt, weil sie nicht angenagt werden können. Aber sie sind leider nicht ganz ungefährlich. Laufen mehrere Tiere darauf und eines bleibt stehen, werden die anderen durch die Fliehkraft zur Seite geschleudert. Durch den Aufprall an den Gehegewänden kann es zu Verletzungen kommen. Auch auf Lauftellern mit einem großen Durchmesser laufen die Tiere im Kreis. Dabei ist der Körper gebogen. Das kann zu Rücken- und Gelenkschäden führen.

 **DAS KUCHENRAD** Hier sehen Sie Schritt für Schritt, wie man ein Kuchenrad für die Degus bauen kann.

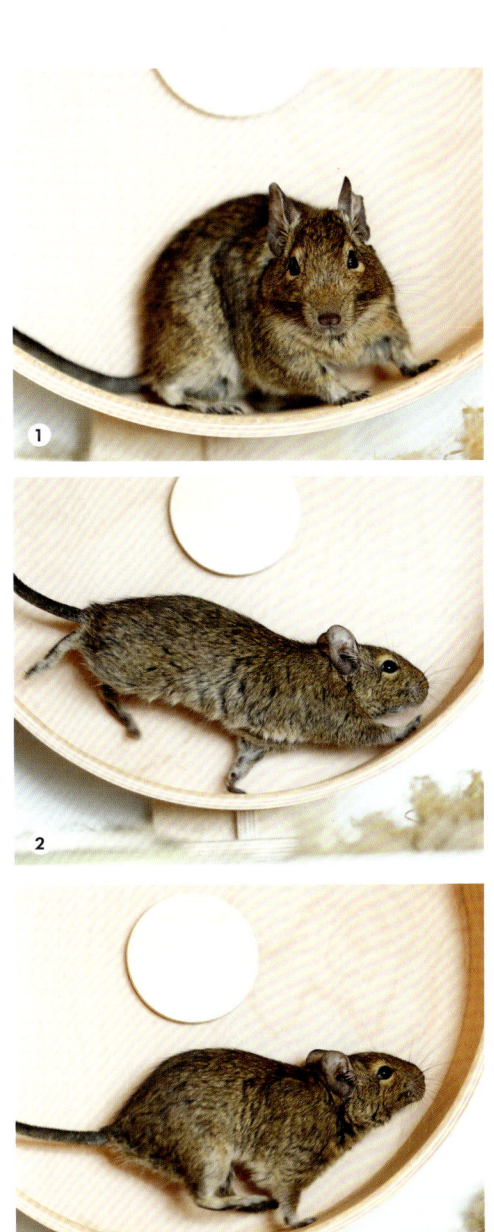

**RADSPORT**
1. **Guck mal** „Soll ich dir zeigen, wie ich laufe?"
2. **Gerade** Mit geradem Rücken schnell voran.
3. **Flink weiter** Hinterbeine schnell nachziehen.

# Die beste Wohlfühleinrichtung

**Die Heuraufe** Obwohl Degus ihr Heu gern vom Boden fressen, sollte immer etwas Heu in einer Raufe angeboten werden, das sauber bleibt. Raufen sollten rundherum so verschlossen sein, dass die Degus nicht hineingelangen können. Der optimale Gitterabstand, bei dem die Tiere sich das Heu leicht herausziehen können, aber nicht in

der Raufe stecken bleiben, liegt bei ca. 2,5 cm. Holzraufen werden schnell angenagt, besser sind Raufen aus Metall, z. B. umgedrehte Obstkörbe. Auf keinen Fall dürfen Heunetze angeboten werden, darin könnten die Degus sich verfangen und verletzen.

## Häuser

Mehrere Häuser aus Natur- oder Sperrholz bieten den Tieren die Gelegenheit, sich gemeinsam zu verstecken, sie können sich aber auch mal aus dem Weg gehen. Damit eine ganze Gruppe in das Haus passt, wäre eine Häusergröße von etwa 18 × 18 × 12 cm mit zwei Eingängen ab einem Durchmesser von 7 cm sinnvoll. Auch große Wohnlabyrinthe können angeboten werden sowie weitere Verstecke aus Ton oder Keramik. Achten Sie darauf, kleinere Öffnungen zu verschließen oder zu vergrößern, damit kein Degu darin stecken bleibt.

## Etagen und Rampen

Etagen dienen dazu, hohe Gehege zu unterteilen und verschiedene Kletterebenen zu integrieren. Gitteretagen sind ungeeignet und gefährlich. Etagen aus Vollholz sind gut geeignet. Da die Etagen auch angenagt werden, ist von

**Etagen** Von oben die Situation überblicken und neugierig hinunterschauen, so fühlen sich Degus sicher.

**Natürlicher Kork** Ein gemütliches Plätzchen in der Korkröhre simuliert die Umgebung im natürlichen Bau.

**Sandpool** Statt im Wasser baden Degus im Sand und so ein großer Pool, gefüllt mit Chinchillasand, ist eine reine Wonne.

verklebten Hölzern oder Spanplatten eher abzuraten. Durchgehende Etagen werden mit Schrauben von außen fest am Gitter oder an der Gehegewand verschraubt. Regaletagen zum Klettern können auch mit Regalhaltern angebracht werden, damit sie zum Saubermachen leicht entfernt werden können. Achten Sie darauf, dass die Regalbretter gut halten und nicht von hüpfenden Degus bewegt werden können. Rampen sind bei jungen, springfreudigen Degus meist nicht nötig, aber ältere Degus freuen sich über Holzrampen, die mit Flachs- oder Korkmatten beklebt sind und ihnen erlauben, leichter auf höhere Ebenen zu kommen. Eine Steigung von 45–50 Grad wäre optimal und sollte nicht überschritten werden.

## Sandbad

Degus wälzen sich im Sand, um Stress abzubauen und ihr Fell zu reinigen. Deshalb muss jederzeit ein Sandbad zur Verfügung stehen. Gut geeignet sind spezieller Badesand für Chinchillas aus rund gebranntem Quarz sowie Sand aus

Ton- oder Bimsstein. Allerdings buddeln Degus gern im Sand und dieser fliegt dann durchs ganze Gehege. Deshalb sind spezielle „Sandbadewannen" für Degus oder Chinchillas sinnvoll. Ebenfalls geeignet wären sehr große Bonbongläser (aus Glas, nicht aus Kunststoff). Auch kleine Aquarien oder hohe Holzkisten, die mit einer Einstiegsrampe versehen werden, eignen sich als Badewanne und Buddelkiste.

**Holzröhren** Sicher durch die Röhren flitzen, vorsichtig die Nase rausstrecken und dann um ein Leckerchen betteln.

# Abwechslung im Degu-Alltag

## Röhren

Degus graben in ihren unterirdischen Bauen lange Tunnel, durch die sie geschäftig hin und her flitzen. Sie lieben es, durch Röhren zu rennen. Deshalb sollte in keinem Deguheim auf Röhren verzichtet werden. Alle Röhren sollten einen Durchmesser von mindestens 7 cm aufweisen, damit die Degus nicht darin stecken bleiben. Besonders schön und natürlich sind Röhren oder Halbröhren aus Kork, Holz oder Zweigen. Röhren aus Pappe halten den Nagezähnen nicht lange stand, bereiten den Degus aber auch großen Spaß beim Durchflitzen und Zernagen.

## Kuschliges

Einfach mal faul in der Hängematte abhängen, das lieben manche Degus ganz besonders. Ein Geschirrtuch, mit Karabinerhaken versehen und am Gitter aufgehängt, bietet diese Möglichkeit. Manche Degus wissen auch Kuschelsäcke zu schätzen, eine ausgewaschene Leineneinkaufstasche ohne Henkel, mit Heu gefüllt und vorne umgekrempelt, kann schnell zum Lieblingsplatz der Degus werden. Verwenden Sie nur Leinen oder Baumwolle. Wird der Stoff allerdings angenagt, kann er Fäden ziehen und muss dann schnell entfernt werden.

**Vielseitiger Stamm** Innen hohl bietet der Stamm eine Röhre zum Durchflitzen und einen Aussichtspunkt.

**Und weg** Blitzschnell verschwindet der Degu in der Sicherheit seiner Korkröhre, wenn ihm etwas nicht geheuer ist.

## Pappe und Papier

Mit Heu, Einstreu und ein paar Leckerchen gefüllte Pappkartons, Küchenpapierröhren oder Eierkartons bieten den neugierigen Degus etwas Neues zum Erkunden und Beschnuppern, die kleinen Racker haben auch viel Spaß daran, diese mit ihren Nagezähnen zu zerschreddern.

## Steine

Große Natursteine aus Schiefer, Marmor oder Granit, aber auch Fliesen bieten im Sommer kühle Plätze und sorgen für natürlichen Krallenabrieb. Die Steine werden nicht aufgeschichtet, denn das ist lebensgefährlich. Sie müssen immer so aufgestellt oder hingelegt werden, dass sie nicht von Etagen herunterfallen. Sie dürfen auch nicht beim Buddeln untergraben werden, dabei besteht große Verletzungsgefahr.
Die Degus sollten regelmäßig über Steine laufen, damit sich ihre Krallen abnutzen. Deshalb ist es sinnvoll, große flache Steine unter Futter- und Wassernäpfe zu legen.

**Einfach mal abhängen** Hängematten als Platz zum Relaxen, Klettern, Erkunden und um Balance zu halten.

**Spannende Rolle** Eine mit Futter befüllte und an den Enden mit Tüchern verschlossene Papprolle wird gern zerfleddert.

**Gleich einsammeln** Im Gehege gefundene Tücher werden sofort mit erhobenem Kopf ins Nest geschafft und verbaut.

**Wir wollen raus!** „Lass uns aus dem Gehege, das Laufrad ist auf Dauer langweilig."

# Spannender Auslauf

**Entdecker und Abenteurer** Degus sind neugierige Wesen. Allerdings sind sie auch sehr flink und wenn sie sich erschrecken, sind sie schnell unter dem Schrank verschwunden. Und sie da wieder hervorzulocken, ist nicht ganz leicht. Deshalb sollte man die Degus lieber nicht frei in der Wohnung laufen lassen. Bieten Sie den Nagern eine gesicherte Auslauffläche direkt an ihrem Gehege an. Verbinden Sie den Auslauf mit einer Röhre oder einer Rampe mit dem Gehege, sodass die Degus nicht aus dem Gehege genommen werden müssen, sondern selbst entscheiden können, ob sie den Auslauf nutzen.

## Gesicherter Auslauf

Damit Ihre Wohnung geschützt ist und die agilen Degus trotzdem Auslauf bekommen können, ist es sinnvoll, eine variabel einsetzbare Auslaufbegrenzung anzufertigen.

Für 2 m² Auslauf werden zwölf Hartfaser-, Sperr-holz- oder Plexiglasplatten mit einer Größe von 50 × 80 cm verwendet. Diese werden an der langen Seite mit einem Gewebeklebeband zusammengeklebt, und zwar so, dass sie leicht zusammengeklappt und weggestellt werden können. Da die Degus die Auslaufbegrenzung annagen und besonders agile Tiere sogar über 80 cm drüberspringen könnten, bekommen die Degus nur unter Aufsicht Auslauf.

## Interessant eingerichtet

Damit die Degus Spaß am Auslauf haben, wird dieser mit vielen Spielsachen eingerichtet. Der Fantasie sind dabei keine Grenzen gesetzt: Labyrinthe aus mehreren Kartons, Landschaften aus Zweigen und Rinden, Pappröhren und alles, was Spaß macht und auch angenagt werden darf, wird angeboten. Achten Sie jedoch darauf, dass die Einrichtungsgegenstände nicht zu nah an der Umrandung stehen, denn sonst dienen sie als Ausbruchshilfe.

## Auslauf im Freien?

Als Gartenbesitzer fragt man sich vielleicht, ob man den Degus nicht auch auf der Wiese Auslauf geben kann. Grundsätzlich hätten die Nager sicher nichts dagegen, das frische Grün abzugrasen und ein Sonnenbad zu nehmen. Aber einfach auf die Wiese gesetzt, würden die Degus ruck, zuck auf Nimmerwiedersehen im nächsten Gebüsch verschwinden. Der Gartenauslauf muss rundherum gesichert werden. Nagesichere Rahmen, die mit Volierendraht bespannt sind, sichern das Gehege von den Seiten und von oben. Aber Degus buddeln gern und sind schnell im Erdreich verschwunden. Daher muss ein Gitter ca. 10 cm tief in den Boden eingegraben werden, worüber dann Wiese wachsen kann. Ein Teil des Geheges sollte immer im Schatten liegen. Alle Einrichtungsgegenstände wie Häuser, Futter- und Wassernäpfe gehören auch in den Sommerauslauf. Dauerhaft sollten Degus nicht im Freien untergebracht werden, denn sie vertragen unser feuchtes und teilweise kaltes Klima nicht sehr gut und bleiben im Winter besser drinnen.

**Da will ich hin!** Neugierig prüft der Degu die Umgebung, bevor er sich in den Auslauf hinaustraut.

**Sicher nach Draußen** Wenn es nicht anders geht, nehmen die Degus auch die Hände als Fahrstuhl in den Auslauf.

# Degus füttern und pflegen

# Pflegeplan

S.34

## Täglich frisches Heu

Degus nehmen viele kleine Mahlzeiten am Tag auf und müssen rund um die Uhr etwas zu nagen und zu futtern haben, damit ihre Verdauung optimal funktioniert. Heu ist das tägliche Brot der Degus. Es wird mindestens einmal am Tag frisch sowohl in einer Heuraufe als auch als Heuhaufen auf dem Gehegeboden angeboten.

S.46

## Gut versorgt

**Täglich:** Heu nachfüllen, Futterreste entfernen, frisches Futter und Wasser geben. Köttel von den Etagen fegen. Auslauf bieten.
**Wöchentlich:** Gehege reinigen, frische Zweige anbieten, gründlicher Gesundheitscheck.
**Monatlich:** Gründlicher Großputz im Deguheim.

S.36

## Degufutter

Frisches, saftiges Grün von der Wiese bildet die tägliche Hauptmahlzeit. Im Winter oder wenn keine Wiese in Reichweite ist, nehmen die Degus aber auch gern Grünfutter und Kräuter aus dem Supermarkt. Eine kleine Schüssel mit gemischten Gemüsestückchen ist das Highlight der täglichen Fütterung. Dazu gibt es eine Schale mit Samen und leckeren Trockenkräutern.

S.50

## Täglicher Gesundheitscheck

- ☐ Fell dicht und glänzend
- ☐ Augen und Nase sauber
- ☐ Degus sind munter und benehmen sich normal.
- ☐ Alle Degus kommen zur Fütterung und fressen.
- ☐ Kein unangenehmer Geruch im Gehege
- ☐ Kein Durchfall, Po nicht verklebt

S.54

## Kranker Degu

Sind beim täglichen Check Probleme aufgefallen, sind ein unverzüglicher Tierarztbesuch mit Diagnose und anschließender Pflege notwendig, denn Degus können ihre Erkrankung gut verbergen. Dem Degu werden die vom Arzt verordneten Medikamente verabreicht, siehe Seite 56. Kranke Degus werden mit spezieller Nahrung oder Päppelbrei versorgt Wohltuende Wärme hilft dem Degu, wieder gesund zu werden, siehe Seite 57.

# Grundlagen der Deguernährung

**Magere Kost** Wild lebende Degus fressen fast alles, was das karge Land, in dem sie leben, zu bieten hat. Gräser, Kräuter, Blüten, Blätter, Zweige, Rinden und Samen verschiedener Pflanzen bieten den Degus viel Abwechslung, aber wenig Nahrhaftes. Die Degukost enthält viel Rohfaser, etwas Fett, aber wenig leicht verdauliche Kohlenhydrate, kaum Zucker und nur wenig Eiweiß.

**Blatt für Blatt** Das leckere Grünfutter wird verspeist.

Deshalb werden Degus auch als sogenannte „Magerköstler" bezeichnet. Ihr Organismus ist auf eine sehr karge Ernährung ausgelegt, sie müssen relativ viel fressen, um ihre benötigten Nährstoffe aufzunehmen und ihren Darm in Gang zu halten.

## Dickmacher sind tabu

Degus lieben ungesundes Futter, sie stürzen sich auf alles, was Fett oder Zucker enthält. Dieses Verhalten resultiert daraus, dass sie solche hochkalorische Nahrung in freier Wildbahn nur selten bekommen und ihre Überlebenschancen steigen, wenn sie hin und wieder an hochwertige Nahrung gelangen. Für Heimtiere ist dieses Verhalten fatal. Sie bekommen von uns eine auf ihre Bedürfnisse abgestimmte Nahrung, sie müssen weder Hungerzeiten durchleben noch brauchen sie ein Fettdepot für den Winter. Wenn die Tiere zu süße oder zu fettige Nahrung erhalten, werden sie davon krank. Zu viel Fett führt zu Übergewicht, das wiederum belastet die Gelenke, führt zu Herzproblemen und begünstigt Diabetes. Von zu süßer Nahrung wie Obst oder zuckerhaltigen Leckerchen bekommen Degus diabetesähnliche Symptome. Die Folgen sind Augenerkrankungen wie Trübungen der Linse, Erblindung, aber auch Nierenprobleme.

**Lecker Zweige** Ein besonderer Leckerbissen sind Zweige mit frischen Blättern. Sie werden sofort zerlegt.

## Abwechslung ist Trumpf

Auch wenn Degus „karg" ernährt werden, kann man die Ernährung abwechslungsreich gestalten. In Zoofachgeschäften und im Onlinehandel gibt es mittlerweile ein breites Angebot an getrockneten Kräutern, Blättern und Heu. Futter mit vielen verschiedenen Samen, Getreidearten und ein wenig getrocknetem Gemüse ist Fertigpellets vorzuziehen, denn es bietet den Degus Abwechslung und damit auch ein Stück Lebensqualität. Verschiedene Gemüsesorten und eine reichhaltige Auswahl an frischem Wiesengrün im Sommer ergänzen den Speiseplan. Degus können mit gutem Futter auch ohne reichhaltige Leckerchen verwöhnt werden.

## Futtern rund um die Uhr

Da die karge Kost den Degus nicht sehr viel Energie liefert, ist ihre Verdauung auf eine stetige Nahrungsaufnahme abgestimmt. Sie nehmen viele kleine Mahlzeiten am Tag zu sich und halten damit auch ihre Verdauung in Schwung. Hungerphasen können zu Verdauungsproblemen führen. Deshalb ist es sehr wichtig, dass die Degus jederzeit Zugang zum Futter haben. Ein frischer Heuberg täglich und mehrere kleine Mahlzeiten mit Grün- und Trockenfutter halten Degus fit.

**Zwischenmahlzeit** Immer ein frisches Blatt vor dem Maul.

# Heu ist mehr als trockenes Gras

**Heu ist nicht gleich Heu** Heu ist einer der wichtigsten Bestandteile in der Deguernährung. Deshalb sollte es sehr sorgfältig ausgesucht werden. Es gibt große Unterschiede in der Qualität und in der Zusammensetzung. Diese hängen von der Bodenbeschaffenheit und von der Mischung der Gräser ab, die auf den Wiesen gesät wurde. Das häufig in großen Mengen eingesetzte Weidelgras ist für Degus nicht optimal, Rotschwingel, Wiesenrispe, Lieschgras und Knaulgras sollten das Heu ergänzen. In sehr hochwertigem Heu findet man auch verschiedene Leguminosen wie Luzerne, Esparsette und Klee. Kräuterheu enthält üblicherweise verschiedene Kräuter.

**Lieblingshalm** Für den richtigen Heuhalm lohnt es sich, sich auch mal ganz lang zu machen, um ihn zu erreichen.

**Aussuchen** Erst wird der Heuberg mit der Nase durchwühlt, um gute von schlechten Halmen zu unterscheiden.

**Wegmümmeln** Ist das richtige Kraut oder der passende Halm gefunden, verschwindet er blitzschnell im Maul.

## Die Erntezeit

Ein weiteres Unterscheidungsmerkmal ist der Erntezeitpunkt. Der 1. Schnitt, die Ernte ab Juni, besteht meist aus mehreren Gräsern, ist gröber und enthält im Idealfall auch Grassamen. Der 2. Schnitt, hier findet die Ernte im Herbst statt, ist weicher, enthält mehr Protein und meist auch mehr Kräuter. Ab dem 3. Schnitt (dieser wird Grummet genannt) eignet sich das Heu nicht mehr so gut für Degus.

## Heutrocknung

Das nächste Unterscheidungsmerkmal ist die Art, wie das Heu getrocknet wurde. Jedes Heu wird im Idealfall bei Sonnenschein gemäht, dann trocknet es zwei Tage auf dem Feld und wird dann eingebracht. Für die hochwertigste Heusorte wird die Mahd in großen Trommeln mit heißer Luft getrocknet. Dieses heißluftgetrocknete Heu enthält viele Nährstoffe, dafür wenig Staub und Schimmel. Gras, das auf Reutern (Gestelle aus Holz) getrocknet wird, ist ebenfalls noch recht hochwertig, da es schneller trocknet und so die Nährstoffe erhalten bleiben. Die häufig übliche Bodentrocknung ist nicht immer optimal, da das Gras am Boden liegen bleibt. Durch Regen oder Morgentau bleibt das Gras feucht. Durch die lange Trocknungszeit kommt es zu einem massiven Nährstoffverlust. Wird es mit Restfeuchte in Ballen gepresst, bildet sich Schimmel, das Heu riecht muffig und wird staubig.

## Das optimale Heu

Das optimale Heu für Degus ist eine Mischung aus heißluftgetrocknetem 1. und dem 2. Schnitt. Lange, harte und weiche Halme sowie Kräuter und Ähren sind darin zu finden. Es muss grün sein, frisch riechen und darf nicht stark stauben, wenn es aufgeschüttelt wird. Staub und eine gelbgraue Farbe sind ein Hinweis für altes, schimmeliges und überlagertes Heu, dies eignet sich nicht für die Degus. Lagern Sie das Heu luftig und dunkel, am besten in Leinentaschen oder Baumwollkissenbezügen. Vermeiden Sie Feuchtigkeit und lagern Sie das Heu nicht in geschlossenen Tüten oder Plastikbehältern.

## Heu verfüttern

Degus beschäftigen sich mit dem Heu, indem sie beliebte Pflanzenteile aussortieren und weniger beliebte oder auch schädliche Bestandteile verschmähen. Deshalb ist es wichtig, das Heu täglich auszuwechseln, damit die Tiere selektieren können. Nicht gefressene Heureste können gern als Nistmaterial angeboten werden.

# Grünfutter ist Trumpf

**Wiesentraum** Wie schön wäre es, wenn unsere Degus den ganzen Tag auf einer bunten, wild wachsenden Wiese grasen könnten. Das würde ihrer natürlichen Ernährung am besten entsprechen. Leider ist das meist nicht möglich, üblicherweise haben wir keine Wildwiesen im Garten, sondern kultivierte und sehr sortenarme Rasen und die kleinen Nager würden sofort verschwinden, wenn wir sie einfach hinaussetzen würden.

**Frischer Golliwog** Ein leckerer Topf Golliwog aus dem Laden bietet lange Genuss und Futterspaß.

Deshalb wird der Deguhalter sich ab dem Frühling bis in den späten Herbst täglich auf die Suche nach wilden Wiesen, auf denen die begehrten Kräuter und Gräser wachsen, begeben und Futter für seine Tiere sammeln.

### Tipp: Vorsichtig anfüttern!

Sobald im Frühling die ersten Halme sprießen, können wir unsere Degus langsam an die Sommerfütterung gewöhnen. Anfangs sollte es nie mehr als eine Handvoll Grünfutter für die ganze Gruppe sein, dann darf man von Tag zu Tag etwas mehr füttern. Der Darm der Degus ist durch die Pause im Winter nicht mehr an das frische Gras und die Kräuter gewöhnt und ohne langsame Gewöhnung könnte es zu Blähungen und Durchfall kommen.

### Grünfutter richtig sammeln

Damit die Degus das frische Grün gut vertragen, wird mit diesen Tipps vorsichtig gesammelt.
— Nehmen Sie nur Pflanzen mit, die Sie eindeutig bestimmen können und von denen Sie genau wissen, dass sie ungiftig sind.
— Pflücken Sie nicht direkt am Wegesrand, dort ist das Grünfutter häufig durch Hunde und auch durch Abgase verschmutzt. Gehen Sie immer gut zwei Meter in die Wiese hinein, um das frische Grün zu pflücken.

**Blütenfreude** Frische oder getrocknete Blüten sind ganz besondere Schätze und werden so schnell wie möglich verspeist.

— Am Feldrand werden die Pflanzen oft mitgedüngt und sind mit verschiedenen Spritzmitteln belastet, hier sollte man lieber nicht sammeln, es besteht Vergiftungsgefahr.

— Nehmen Sie kein Grünfutter aus dem Rasenmäher! Das kurz geschnittene Grün fault sehr schnell und könnte durch Öl oder Abgase verschmutzt und damit ungenießbar sein.

— Schütteln Sie das abgepflückte Grünfutter vor dem Verfüttern einmal kräftig durch, um Parasiten zu entfernen.

## Das darf mit

Diese Wiesenkräuter können sowohl frisch als auch getrocknet verfüttert werden: Ackerfuchsschwanz, Breitwegerich, Gänseblümchen, Giersch, Hirtentäschel, Huflattich, Kamille, Klee, Kornblumen, Löwenzahn, Luzerne, Malve, Melisse, Pfefferminze, Ringelblumen, Schafgarbe, Spitzwegerich, Vogelmiere, Kleiner Wiesen-

knopf, Gräser wie z. B. Knaulgras, Rispengras, Rohrschwingel, Wiesen-Lieschgras, Wiesen-Rispengras, Weidelgras, Wiesen-Kammgras.

## Grünfutter aus dem Supermarkt?

Auch die Blätter kultivierter Gemüsepflanzen zählen zum Grünfutter. Möhrengrün, Kohlrabiblätter, Fenchelgrün, Blätter von Mairübchen oder Radieschen sollten immer frisch und knackig verfüttert werden. Frische Küchenkräuter wie Petersilie, Basilikum, Dill und Oregano sind ebenfalls bei den meisten Degus sehr beliebt.

 **004**    **KRÄUTER SAMMELN** Zur Bestimmung für unterwegs finden Sie hier die beliebtesten Futterpflanzen.

**FÜR KIDS**

# Vielfältiger Beschäftigungsspaß

## ❶ Die Wühlkiste

Nimm einen unbedruckten Karton, der groß genug ist, dass mehrere Degus bequem darin buddeln können. Entferne alle Klebestreifen und klebe den Karton stattdessen mit ungiftigem und wasserlöslichem Kleber zusammen. Fülle den Karton mit Blättern, Heu oder frischem Grün, stelle ihn ins Gehege oder in den Auslauf. Die Degus werden ihn mit Vergnügen auseinandernehmen.

## ❷ Papierhöhlen

Dazu nimmst du einen Luftballon, einen runden für eine Höhle, einen länglichen für Tunnel. Diesen umwickelst du mit mehreren Lagen Toilettenpapier, machst es feucht und drückst es ordentlich fest. Nun muss die Höhle mindestens einen Tag trocknen. Wenn das Papier ganz trocken ist, wird ein Loch hineingeschnitten, der Ballon zum Platzen gebracht und entfernt, fertig ist die Kuschelhöhle, die mit Heu gefüllt zum gemütlichen Schlafplatz wird.

## Das Labyrinth ❸

Nimm einen großen, unbedruckten Karton, entferne die Klebestreifen und klebe die Laschen an einer Seite fest. Die Laschen an der anderen Seite schneidest du ab. Daraus schneidest du Wände, die so hoch sind wie der Karton. Diese Wände kannst du mit ungiftigem Kleber in den Karton kleben, und zwar so, dass Gänge und Räume im Karton entstehen. Bis der Kleber hält, kannst du sie mit Stecknadeln fixieren. Denk aber daran, diese wieder zu entfernen. Nun schneidest du noch Eingänge in den Karton, einen auf jeder Seite oder auch mal einen oben. Dieses Labyrinth kannst du nun umgedreht auf die Einstreu stellen, damit die Degus hindurchflitzen können.

## Futterstein ❹

Im Baumarkt gibt es Ziegelsteine mit Löchern, diese kosten meist nicht viel, sind aber vielfältig einzusetzen. Wenn du den Ziegelstein aufstellst, kannst du Leckerchen darin verstecken, die sich die Degus aus den Löchern herausangeln müssen. In das Gehege gelegt, können Zweige in die Löcher gesteckt werden, die dann mit Gemüsestückchen bestückt zu einem leckeren Futterspaß werden.

# Aus dem Gemüsegarten

**Gemüse-Freaks?** Wenn die Degus von klein auf an frisches Gemüse gewöhnt sind, mögen sie es meist ihr Leben lang gern. Ältere Degus, die ohne Gemüse aufgewachsen sind, tun sich allerdings oft schwer damit, es anzunehmen. Probieren Sie einfach aus, ob Ihre Degus Gemüsefans sind oder eher nicht und versuchen Sie es anfangs mit kleinen Stückchen Gemüse, um den empfindlichen Darm der Degus nicht zu überfordern.

## Täglich frisch

Sind die Degus an Gemüse gewöhnt, kann es täglich in kleinen Mengen angeboten werden. Geben Sie immer nur so viel, dass es bis zur nächsten Fütterung aufgegessen ist. Alles, was nicht gefressen wurde, muss entfernt werden, da es sonst schnell fault und zu gesundheitlichen Problemen führen kann. Grundsätzlich wird das Gemüse immer gut gewaschen oder ggf. auch geschält, von Salaten werden die äußeren Blätter entfernt. Das Gemüse wird zimmerwarm verfüttert, kaltes Gemüse aus dem Kühlschrank kann zu Magenproblemen führen. Die Gemüseration wird in kleine Häppchen geschnitten, damit für jeden Degu mindestens ein Stück jeder Sorte im Napf vorhanden ist. So bekommen auch rangniedere Tiere ihr Lieblingsfutter und Streit in der Gruppe wird vermieden.

## Bunte Vielfalt

An der Gemüsetheke findet sich ein reichhaltiges Angebot an gut verträglichen Gemüsesorten. Fenchel, Gurke, Kürbis, Möhre, Paprika, Pastinake, Petersilienwurzel, Sellerie und Zucchini schmecken den meisten Degus. Auch Salate werden von fast allen Degus gern genommen. Sie sollten aber immer vorsichtig angefüttert und nie in großen Mengen gegeben werden, denn zu viel Salat führt zu Durchfall und meist enthält er viel Nitrat. Trotzdem dürfen auch Chicorée, Eichblatt, Eisbergsalat, Endivien, Feldsalat, Kopfsalat, Lollo rosso und Romanasalat regelmäßig verfüttert werden. Rucola ist ebenfalls sehr beliebt. Nicht jedes Gemüse, das wir gern essen, darf auch im Degunapf landen. Zwiebelgewächse wie Knoblauch, Porree, Gemüsezwiebeln und Co. enthalten schleimhautreizende Sulfide. Unverarbeitete Hülsenfrüchte wie Linsen, Erbsen und Bohnen können zu Blähungen führen. Kartoffeln enthalten schlecht verdauliche Stärke und Auberginen sehr viel Solanin.

## Gefährlicher Kohl?

Viele Deguhalter trauen sich nicht, Kohl zu verfüttern, weil alle Kohlsorten zu starken Aufgasungen führen könnten. Aber das stimmt so nicht ganz. Chinakohl, Broccoli, Blumenkohl, Kohlrabi

**Leckere Tomaten** Die meisten Degus sind ganz scharf auf Tomaten und können ihnen kaum widerstehen.

und Grünkohl verursachen in kleinen Mengen keine Blähungen und werden von vielen Degus gern verzehrt. Wird der Kohl vor dem Verfüttern einen Tag im Kühlschrank gelagert, wird er noch bekömmlicher. Auf Weißkohl, Rotkohl, Rosenkohl und Wirsing sollte man allerdings vorsichtshalber verzichten.

## Futterspieß

Verschleppen die Degus das Gemüse an ihren Lieblingsplatz und lassen es dort vergammeln, kann das Gemüse auch aufgespießt werden (siehe Seite 48). So kann das Horten verhindert werden, das nicht verzehrte Gemüse bleibt an seinem Platz und kann leicht ausgetauscht werden.

# Trockener Knabberspaß

**Getrocknete Samen** Wild lebende Degus ernähren sich nicht nur von grünen Pflanzenteilen, hin und wieder stehen auch Kräutersamen und ganz selten sogar Getreidehalme mit Ähren auf dem Speiseplan. Allerdings machen diese reichhaltigen Futterbestandteile nur einen kleinen Teil der Nahrung aus, auch beim Trockenfutter steht alles, was grün ist, an erster Stelle.

## Trockenfutter

Ein gutes Futter für Degus enthält ungefähr 80 % getrocknete Kräuter, Blätter und Blüten und nur 20 % Samen, Getreide und Trockengemüse.

Fetthaltige Bestandteile wie Nüsse oder Kerne, Zuckerhaltiges wie Trockenobst oder stark verarbeitete Bestandteile wie Futterbrocken oder Pellets sollten nicht enthalten sein. Pro Tag und Degu werden etwa ein bis zwei Esslöffel angeboten. Werden die Tiere zu dick, gibt es weniger Trockenfutter, Leichtgewichte dürfen auch mal mehr Samen im Futternapf finden.

## Selbst gemischt

Meistens ist es günstiger, das Futter für die Degus selbst zu mischen, dabei kann man besser auf die Vorlieben und Bedürfnisse der eigenen

**Gute Tischmanieren** Sich mit den Vorderpfoten Leckerbissen aus dem Napf angeln, festhalten und gemütlich wegmampfen.

**Kräuterberg** Blatt für Blatt wird der leckere Trocken-
kräuterberg immer kleiner.

**Blütenschmaus** Blüten sind offensichtlich nicht nur lecker,
sondern auch sehr dekorativ im Fell.

Tiere eingehen und das Futter spannender gestalten. Dabei gilt die Devise: Je mehr verschiedene
Bestandteile sich im Futter finden lassen, umso
besser, denn so kann man eine Mangelernährung
vermeiden. Lagern Sie das Futter in verschließ-
baren Dosen oder Vorratsgläsern und verbrauchen
Sie es innerhalb von sechs Monaten.

## Kräuter, Blätter und Blüten

Der überwiegende Teil des Trockenfutters besteht
aus getrockneten Pflanzenteilen. Mischen Sie
dazu beispielsweise zu gleichen Teilen Wiesenkräuter wie Löwenzahn, Spitzwegerich, Disteln,
Brennnesseln, Schafgarbe; Küchenkräuter wie
Petersilie und Pfefferminze; Blumen wie Gänseblümchen, Sonnenblumenblüten und Ringelblumen; Blätter von verschiedenen Bäumen wie
Haselnuss, Birke, Linde oder Birne und grüne
Getreidehalme von Dinkel, Weizen und Hafer.

## Getreide und Samen

Ölsamen wie z.B. Negersaat, Kardi, Perilla, Lein-
saat, Chiasamen, Hanf, Mohn, Sesam, Leindotter
werden nur in kleinen Mengen beigemischt. Der
überwiegende Teil der Samenmischung besteht

aus Kräutersamen wie Löwenzahn, Bockshorn-
klee, Fenchel, Dill, Petersilie, Kerbel, Luzerne,
Heublumensamen, Wildblumensamen, Heu-
blumen und einem kleinen Anteil Mehlsamen
wie z.B. verschiedenen Hirsesorten, Dari, Buch-
weizen und Amarant.

## Futterpellets

Heiß gepresste Pellets sind hart, quellen aber
im Magen stark auf und belasten dann die
Magenwände, sie machen sehr satt und verhin-
dern, dass genug grobe Rohfaser in Form von
Heu aufgenommen wird. Häufig enthalten diese
Pellets auch Melasse oder andere Zuckerarten
als Bindemittel, weshalb das Verfüttern dieser
Pellets meist nicht optimal ist. Es gibt kalt gepresste Pellets, die ohne Zusatzstoffe auskom-
men. Sie quellen nicht stark auf und enthalten
grobe Bestandteile, sie können als Leckerchen
verfüttert werden.

**MY DEGU-MÜSLI** Hier finden Sie
tolle Rezepte für selbst gemischtes
Degufutter.

**Liebe geht durch den Magen** Für einen Pinienkern traut sich sogar ein schüchterner Degu aus seinem Versteck.

# Gesunde Zahnpflege und seltene Leckerchen

**Regelmäßige Zahnpflege** ist für Degus wichtig. Ihre Zähne wachsen ein Leben lang. Die Backenzähne nutzen sich durch die seitlichen Bewegungen beim Heu- und Grünfutterfressen meist gut ab. Die Schneidezähne benötigen zum Abnutzen härtere Kost. Damit die Nager ihre Zähne nicht an ihrer Gehegeeinrichtung abschleifen, werden ihnen gesunde Alternativen angeboten.

## Zweige und Rinde

Das natürlichste Nagematerial für Degus sind frische und getrocknete Zweige verschiedener Bäume und Büsche. Es dürfen immer gern auch die Blätter und Blüten dranbleiben, sie werden als leckere Beikost sehr geschätzt. Gut geeignet sind Zweige von Obstbäumen wie Birne oder Apfel, Sträuchern wie Johannisbeere und Haselnuss und auch Pappel, Erle, Hainbuche oder Birke. Am liebsten mögen die Degus feine Zweige, von denen sie gern die Rinden abschälen, aber auch dicke Rindenstücke werden mitunter intensiv benagt. Ungeeignet sind Zweige von Tannen, Fichten, Eiben, Thuja und Zypressen, sie sind teils giftig, die ätherischen Öle reizen die Atemwege und das Baumharz verklebt im Magen.

## Brot und Steine?

Nicht alles, was uns hart vorkommt, ist für Degus auch eine gesunde Herausforderung. Hartes Brot ist ausgesprochen ungesund. Es weicht im Maul viel zu schnell auf und bietet den Degus keinen großen Widerstand zum Zähneschleifen. Dafür enthält es aber viel Stärke, Salz und Zusatzstoffe, die für Degus nur schwer verdaulich und damit auch sehr ungesund sind. Kalksteine bieten zwar eine Nagemöglichkeit, doch wenn sie gefressen werden, kommt es zu einem ungesunden Kalziumüberschuss. Auch Salzlecksteine bieten keine gesunde Alternative, ein Zuviel an Salz begünstigt Nierenprobleme.

## Gesunde Leckerchen

Es ist natürlich nicht leicht, einem bettelnden Degu zu widerstehen. Wenn sich die Kleinen auf die Hinterbeinchen stellen, die Augen immer größer werden, die Nase sich einem schnuppernd entgegenstreckt, dann wird man schnell weich. Hin und wieder darf man dem auch nachgeben und ein bis zwei Leckerchen am Tag schaden der Gesundheit nicht. Die beliebtesten Leckerchen sind natürlich fetthaltige Nüsse und Kerne. Eine ganze Nuss mit Schale darf allerdings nur bei Degus, die sich sehr gut vertragen, angeboten werden, sonst kommt es schnell zu Streitereien

**006** **ZWEIGE** Eine Übersicht der geeigneten Zweige zum Nagen finden Sie hier.

um den tollen Schatz. Erdnüsse, Haselnüsse, Macadamia, Walnüsse oder Pecannüsse sind beliebt. Als Leckerchen einzeln aus der Hand eignen sich vor allem Kerne von Sonnenblumen, Pinien und Kürbissen, mit Schale zur Beschäftigung.
Im Fachhandel werden Futterflocken aus Erbsen, Ackerbohnen und Reis angeboten, die gern genommen werden, aber dick machen.
Es darf auch mal ein Stück Trockengemüse sein. Weniger reichhaltige Sorten wie Brokkoli, Gurke, Zucchini sind denen aus Knollengemüse wie Möhre und Sellerie vorzuziehen.

**So lecker** Mit halb geschlossenen Augen wird das Leckerchen genüsslich verspeist.

# Rundum gut gepflegt

**Tägliche Routine** In freier Wildbahn halten sich Degus selbst sauber. Auch in der Heimtierhaltung übernehmen sie ihre Fellpflege selbst und putzen sich gründlich, auch gegenseitig. Die Krallen nutzen sich auf angebotenen Steinen ab. Eine Pflege der Degus durch den Halter ist also bei gesunden Tieren nicht nötig.

Doch anders als ihre wild lebenden Verwandten haben unsere Heim-Degus nicht die Möglichkeit, ihre Ausscheidungen auf einer großen Fläche zu verteilen, die dann durch Witterung und Abbauprozesse wieder dem natürlichen Kreislauf zugeführt werden. Und ihr Futter wächst natürlich auch nicht von allein nach. Deshalb ist eine tägliche Pflegeroutine, die Fütterung, Sauberkeit und Gesundheitscheck umfasst, wichtig.

## Großputz

Degus sind sehr saubere und relativ geruchsneutrale Tiere, daher ist die Pflege ihres Geheges mit wenig Aufwand verbunden. Wenn die Tiere sich eine Toilettenecke eingerichtet haben, wird diese mehrmals in der Woche gereinigt. Verschmutzte Einstreu wird wöchentlich ausgetauscht, die gesamte Einstreu wechselt man nur etwa alle drei bis vier Wochen aus. Nachdem die Einstreu entfernt ist, werden Gehege und Einrichtung mit warmem Wasser aus- und abgewaschen. Sollte es zu starken Verschmutzungen gekommen sein, können diese mit Zitronensäure entfernt werden, hinterher bitte gründlich ausspülen. Handelsübliche Putzmittel sollten nicht verwendet werden, denn sie reizen die Atemwege der Degus und

**Körperpflege** Gründliche Fellpflege steht bei jedem Degu täglich auf dem Programm.

**Sauberes Geschirr** Für die Sauberkeit der Futter- und Wassernäpfe ist der Halter zuständig.

**„Alles falsch!"** Nach der Gehegereinigung werden alle Einrichtungsgegenstände kritisch beäugt und neu markiert.

sind nicht nötig. Nach dem Großputz markieren die Degus meist wesentlich häufiger, dies kann gemindert werden, indem immer nur ein Teil des Geheges gründlich gereinigt wird.

## Sauberes Zubehör

Die Keramikfutter- und Wassernäpfe der Degus werden gründlich unter fließend warmem Wasser gesäubert. Wenn Sie eine Wasserflasche anbieten, muss diese täglich mit einer Flaschenbürste gereinigt werden. Das Trinkröhrchen wird mit einem Wattestäbchen oder einer kleinen Flaschenbürste durchgeputzt. Gerade in den Wasserflaschen bilden sich sonst schnell Algen, Schimmel und Bakterienbefall. Allerdings sind Wasserflaschen für Degus nicht optimal, denn das Wasser kommt meist nur tröpfchenweise heraus, die Körperhaltung ist beim Trinken unnatürlich und viele Degus nagen die Flaschen an.

## Pflegeplan

### Täglich:
— Frisches Heu und Wasser anbieten.
— Samen und Kräutermischung erneuern.
— Bunt gemischtes Gemüse und Grünfutter in sauberen Näpfen anbieten.
— Kurzer Gesundheitscheck beim Füttern.

### Wöchentlich:
— Frische Nagezweige in das Gehege geben.
— Ausführlicher Gesundheitscheck.
— Verschmutzte Einstreu austauschen.

### Monatlich:
Gründliche Gehegereinigung.

**Großputz** In den Röhren sorgen die Degus schon mal selbst für Sauberkeit und werfen Einstreu hinaus.

**FÜR KIDS**

# Leckere Futterspielereien

## ❶ Selbst gepflanzte Wiesen

In der Stadt ist es leider manchmal schwierig, frisches Grünfutter aufzutreiben. Ein wenig frisches Grün kann jeder selbst ziehen. Katzengras eignet sich ebenso wie verschiedene Getreidesorten, deren Halme noch grün abgeschnitten und verfüttert werden. Nehmen Sie möglichst ungedüngte oder schon verwendete Erde, um Ihre Wiesen einzusäen, dann können Sie das frische Grün sogar mit Topf in das Gehege stellen.

## ... und Keime

Um zu testen, ob die Samen, die verwendet werden, frisch und hochwertig sind, sollte man hin und wieder einen Keimtest machen. Dazu werden die Samen auf feuchte Küchentücher gestreut, ein Küchentuch wird darübergelegt und es wird feucht gehalten. Die so entstandenen Keime bilden ein gesundes Zusatzfutter.

## ❷ Futterspieße

Das Gemüse kann auch auf Futterspieße gesteckt werden, so haben die Degus ein bisschen zu tun, um an das Futter zu gelangen. Im Fachhandel werden passende Metallspieße angeboten, die an das Gehegegitter gehängt werden können. Befestigen Sie den Spieß so, dass er am Boden aufliegt, damit die Degus nicht von der frei schwingenden Gemüsekeule verletzt werden. Es ist auch möglich, Futter auf Holzschaschlikspieße zu stecken. Schneiden Sie jedoch das spitze Ende ab.

## Kräutersträußchen ❸

Im Sommer sind die Wiesen voll mit leckerem Futter, das im Winter schmerzlich vermisst wird. Wenn Sie die Möglichkeit haben, können Sie nun große Kräuterblätter wie Löwenzahn, Spitzwegerich und Brennnesseln oder auch Grasähren sammeln und diese zu kleinen Sträußchen binden. Hängen Sie die Sträußchen kopfüber an einem trockenen und warmen Ort auf, dafür eignen sich beispielsweise Dachböden gut. Wenn die Kräuter nach sechs Wochen gut durchgetrocknet sind, können Sie sie in Baumwollkopfkissenbezügen bis zum Verfüttern aufbewahren.

## Futterverstecke ❹ ❺

Trockenes Futter wie Kräuter und Samen kann man auch verstecken, damit die Degus etwas zu tun haben. Das Futter wird dazu in Taschentücher oder Toilettenpapier gewickelt und dann in verschlossene Eierkartons oder saubere Toilettenpapierrollen gesteckt. Solche Pappverstecke werden in Windeseile zerpflückt, um an das Futter zu gelangen. Mit Heu und Leckerchen gefüllte Papierbrötchentüten sind ebenfalls sehr beliebt.

# Alle fit?
# Der Gesundheitscheck

**Selten krank** Degus sind robuste und agile kleine Energiebündel, die bei guter Pflege nur selten krank werden. Wenn sie allerdings doch mal erkranken, dann ist das zu Beginn der Krankheit kaum zu erkennen. Sie versuchen trotzdem, ihre tägliche Routine aufrechtzuerhalten, und verstecken ihre Krankheit, damit sie in ihrer Gruppe keine Probleme bekommen. Zeigt ein Degu Schwäche, kann es schnell zu Rangproblemen kommen. Um Krankheiten rechtzeitig zu erkennen, muss man täglich sehr genau hinschauen und die Degus wöchentlich untersuchen.

## Der tägliche Gesundheitscheck

Nehmen Sie sich bei der Fütterung Zeit, alle Degus einmal ganz genau anzuschauen, und gehen Sie dabei folgende Punkte durch: Kommen alle zum Fressnapf, nehmen sie sich Futter und fressen sie es in der üblichen Geschwindigkeit? Verhalten sich die Degus wie immer, laufen sie normal, atmen sie gleichmäßig und stimmt die Rangordnung noch? Achten Sie auf Krankheitsanzeichen wie gesträubtes Fell, verklebte Augen, unangenehmen Geruch im Gehege. Kranke Degus ziehen sich zurück, sind ruhig, fressen weniger, schlafen mehr und sitzen oft lange ruhig und aufgeplustert im Gehege. Untersuchen Sie die Degus bei Verdacht lieber einmal zu oft als einmal zu wenig, denn aus harmlosen Gesundheitsproblemen können schnell ernsthafte Erkrankungen werden.

**Topfit** Erkunden die Degus gemeinsam munter ihr Gehege und sind sie neugierig, ist meist alles okay.

**Zahncheck** Reckt sich der Degu neugierig, ist das optimal, um einen prüfenden Blick auf die Vorderzähne zu werfen.

**Gewichtskontrolle** Mit einem Leckerchen lassen sich die Degus auf die Waage locken.

## Gründlicher Gesundheitscheck

Untersuchen Sie die Degus regelmäßig gründlich, um Krankheiten rechtzeitig zu erkennen. Dafür bietet sich der Großputz an, da Sie die Tiere dann ohnehin alle aus dem Gehege nehmen müssen. Untersuchen Sie den Degu von der Nasenspitze bis zum Schwanzende mit System:

**Die Augen** sollten klar, weit geöffnet, gleich groß, normal gefärbt, glänzend und ohne Krusten, Schleim oder Verklebungen sein.

**Die Ohren** sind aufgestellt und ohne Krusten.

**Das Mäulchen** ist sauber und trocken. Es riecht nicht sauer oder unangenehm.

**Die Zähne** der erwachsenen Tiere haben eine orange Schicht, sind gleich lang und stehen so zueinander, dass sie sich gut abnutzen. Damit der Degu seine Zähne freiwillig zeigt, halten Sie ein begehrtes Leckerchen über seinen Kopf, er wird sich mit offenem Maul danach recken.

**Das Fell** ist gleichmäßig und liegt glatt an. Es hat keine Verkrustungen oder Schuppen. Streichen Sie das Fell vorsichtig gegen den Strich, um Parasiten, blutige Krusten, weißen Belag oder schwarze Flecken auf der Haut zu erkennen.

**Der Afterbereich** ist sauber, ohne Rötungen, Verklebungen oder Verkrustungen, die auf Durchfall hinweisen, und riecht normal.

**Der Penis** der Böcke ist eingezogen und sauber.

**Der Körper** ist nicht aufgebläht. Tasten Sie den Degu vorsichtig ab, es sollten keine Verdickungen oder Aufgasungen zu fühlen sein.

**Degus wiegen** ist nicht einfach, die zappeligen Wesen halten in der Waagschale meist nicht still. Kaufen Sie sich eine flache Küchenwaage, auf die Sie die eingerichtete Transportbox stellen. Benutzen Sie die Tarafunktion, geben Sie jeden Degu nach dem Check einzeln in die Box und notieren Sie das Gewicht.

**007** **SOMMER-SPEZIAL** Degus sind hitzeanfällig. Hier finden Sie Tipps, gegen die Sommerhitze.

# Die häufigsten Degukrankheiten

| Krankheitszeichen | Verdacht auf | Sofortmaßnahmen |
|---|---|---|
| Gewichtsverlust (mehr als 10 g innerhalb einer Woche?) | Infektionen, Mangelernährung, Tumoren, Diabetes | Untersuchen Sie den Degu, überprüfen Sie die Futterrationen. |
| Schneidezähne abgebrochen, zu lang, zu hell/weiß | Zahnfehlstellung, Mineralienmangel | Achten Sie auf ausreichend mineralhaltiges Futter/ Kräuter. |
| Maulbereich nass, Degu wischt sich mit den Pfoten oft über das Maul | Backenzahnfehlstellung | Lassen Sie die Backenzähne von einem Tierarzt untersuchen. |
| Nase verklebt, häufiges Niesen, starke Flankenatmung, Inaktivität | Infektion der Atemwege, Bronchitis, häufig mit Augeninfektion | Suchen Sie sofort mit dem Degu einen Tierarzt auf. Halten Sie das Tier warm. |
| Augen verklebt, gerötet, kleiner, Linse getrübt | Augeninfektion oder -verletzung, Diabetes bei gleichzeitiger starker Wasseraufnahme | Lassen Sie die Augen von einem Tierarzt untersuchen. |
| Schuppiges Fell, Krusten im Fell, Juckreiz, extrem häufiges Putzen | Parasiten, Pilzbefall, Rangprobleme, fehlendes Sandbad | Bieten Sie einen hochwertigen Badesand an, überprüfen Sie die Gruppenzusammensetzung, lassen Sie den Tierarzt nach Parasiten und Pilz schauen. |
| After schmutzig, starker Geruch aus dem Gehege | Durchfall, Infektion des Verdauungstraktes | Überprüfen Sie das Futter und lassen Sie den Degu von einem Tierarzt untersuchen. |

| Krankheitszeichen | Verdacht auf | Sofortmaßnahmen |
|---|---|---|
| Degu inaktiv, Bauch aufgebläht | Blähungen | Futter überprüfen, keinen Kohl geben. Untersuchung durch einen Tierarzt. |
| Vedickungen am Körper, Beulen unter der Haut | Tumoren, Abszesse, Entzündungen, Bisswunden | Überprüfen Sie die Gruppenzusammensetzung, lassen Sie den Degu von einem Tierarzt untersuchen. |
| Krallen zu lang oder krumm | Fehlende Abnutzungsmöglichkeiten | Bieten Sie Natursteine im Gehege an. |
| Schwanz blutig und zu kurz | Schwanzabriss | Überprüfen Sie die Gehegeeinrichtung, um herauszufinden, wo der Schwanz festgeklemmt war. Der Tierarzt wird die Wunde reinigen. |
| Urin, Blut im Urin, Schmerzen beim Wasserlassen, weißer Urin. | Blasen- oder Nierenerkrankungen wie Entzündungen oder Steine. Ist der Urin stark weiß, wird viel Calcium ausgeschieden. Manche Nahrungsmittel wie Löwenzahn oder rote Bete färben den Urin rot. | Überprüfung der Futterzusammensetzung. Untersuchung durch einen Tierarzt. |
| Häufiges Kratzen, Niesen, Durchfall | Allergien gegen Einstreu, Futtermittel, Heu, Gehegeeinrichtung, Putzmittel, Zimmerpfanzen, Duftstoffe. | Der Tierarzt schließt andere Erkrankungen aus. Tauschen Sie alles aus, was Allergien verursachen könnte (Einstreu, Futtermittel, evtl. andere Hölzer für die Einrichtung). |

# Degus beim Tierarzt

**Der Tierarztbesuch** ist für Mensch und Tier eine ungewohnte und stressige Situation. Bereiten Sie sich rechtzeitig und in Ruhe auf den Tierarztbesuch vor. Erkundigen Sie sich schon, bevor einer Ihrer Degus erkrankt, wo es in Ihrem Ort Tierärz-te gibt, und fragen Sie direkt nach, ob diese sich mit Degus auskennen. Nicht jeder Tierarzt ist auf Degus spezialisiert. Der Degu wird in einer eingerichteten Transportbox (siehe Seite 13) zum Tierarzt gebracht. Achten Sie im Sommer darauf, dass es in der Box nicht zu heiß wird, im Winter bieten Sie eine Wärmequelle oder einen Kuschelsack an, damit das Tier nicht auskühlt.

## Wichtige Informationen

Bereiten Sie einen Zettel mit allen wichtigen Informationen zum Degu und seinem Krankheitsverlauf vor. Folgende Daten werden notiert: Alter, Geschlecht, Gewicht. Welche Krankheitsanzeichen wurden festgestellt? Seit wann kommen sie vor? Hat das Tier noch weitere Erkrankungen oder war es schon einmal krank? Gab es Veränderungen wie Futterumstellungen, eine neue Gruppenzusammensetzung oder sind auch andere Tiere erkrankt? Haben Sie selbst schon Medikamente eingegeben? Wenn ja, welche?

## Die Untersuchung

Der Tierarzt wird den kranken Degu untersuchen. Zu den üblichen Vorgehensweisen gehören: das Abhören der Lungenfunktion, des Herzens und der Verdauung mit dem Stethoskop. Die

**Degu verletzt** Die Verletzungen am Ohr sind schon verheilt. Sind sie frisch, müssen sie vom Tierarzt versorgt werden.

**Gesträubtes Fell?** Ist das Fell gesträubt, gibt es kahle Stellen oder ist es unsauber, ist der Weg zum Tierarzt unumgänglich.

Ohren werden untersucht. Die Schneidezähne werden angeschaut. Der Körper wird abgetastet. Je nach Erkrankung kommen dann weitere Untersuchungen wie Röntgen oder Backenzahnuntersuchungen in Narkose dazu. Es werden vielleicht auch Kot- oder Urinproben genommen. Fragen Sie den Tierarzt ruhig, was er tut und warum er es macht, so können Sie auch die Diagnose besser verstehen.

## Die Diagnose

Nach der Untersuchung wird der Tierarzt im Idealfall eine Diagnose haben und kann Ihnen sagen, was dem Degu fehlt und wie er behandelt werden muss. Manchmal ist das, was der Tierarzt sagt, schwer zu verstehen, fragen Sie ruhig nach und lassen Sie sich die Diagnose immer ausführlich erklären. Schreiben Sie das Wichtigste mit, denn der Stress, ein krankes Tier zu haben, kann schnell dazu führen, dass man wichtige Dinge vergisst. Erst wenn Sie genau wissen, was das Tier hat, wie es zu behandeln ist, wie und welche Medikamente gegeben werden müssen, wie die Krankheit weiter verläuft, wann Sie wieder in die Praxis kommen sollen und was Sie selbst noch tun können, um dem Tier zu helfen, wird der Tierarztbesuch beendet.

## OP, Vor- und Nachsorge

Die Kastration der Böcke, um gemischte Gruppen zu halten, oder die Entfernung einer Wucherung sind schwere Eingriffe und müssen gut vorbereitet werden. Geben Sie vor der OP das gewohnte Futter, aber nichts Blähendes wie Salat oder Kohl. Lagern Sie das frisch operierte Tier so lange separat in der Transportbox und warm in einem Kuschelsack mit einer handwarmen Wärmflasche darunter, bis es wieder munter ist.

**Wieder fit** Es dauert nach der Behandlung ein paar Tage, aber dann ist der Degu wieder fit und neugierig.

# Kranke Degus richtig versorgen

**Medikamente** Achten Sie darauf, dass alle Medikamente leserlich beschriftet sind und Sie genau wissen, welches Medikament wann und in welcher Menge eingegeben werden muss. Geben Sie Medikamente nicht direkt aus der Tube oder Spritze, sondern entnehmen Sie die passende Portion, sonst kann es leicht zur Überdosierung kommen. Tabletten müssen zerkleinert werden,

**Weiches Futter** Hat der Degu Zahnprobleme, kann er selbst weiches Futter nur langsam fressen.

sie lassen sich gut zwischen zwei Löffeln zerquetschen und zu Pulver zerreiben.

Degus nehmen Medikamente selten freiwillig, aber mit einem Brei aus geriebenen Nüssen oder Haferschleim vermischt fressen sie ihre Medikamente manchmal vom Löffel. Geht das nicht, wickeln Sie Ihren Degu in ein Handtuch, halten Sie ihn so sicher vor Ihre Brust und geben Sie ihm das Medikament verdünnt mit Wasser direkt ins Maul. Dazu schieben Sie eine Spritze ohne Nadel direkt hinter die Schneidezähne in den Backenbereich. Päppeln Sie langsam und achten Sie darauf, dass der Degu sich nicht verschluckt und das Medikament nicht einatmet!

## Futter ist wichtig!

Frisst der Degu nicht selbstständig, ist es lebenswichtig ihm Nahrung unter sanftem Zwang zu verabreichen, da sonst seine Verdauung leidet. Beim Tierarzt bekommen Sie spezielle Päppelbreie, die mit Wasser angemischt und mit einer speziellen Spritze direkt ins Maul gegeben werden. Notfalls können Sie auch Haferschleim oder Babygemüsebrei, vermischt mit fein gemahlenen Trockenkräutern oder aufgeweichten Pellets, anbieten. Füttern sie alle vier Stunden ca. 3–4 ml Brei, bis der Degu wieder selbstständig frisst. Bieten Sie dem kranken Tier alle Futtermittel,

**Päppeln** Wenn eine normale Futteraufnahme unmöglich ist, dann hilft dem kranken Degu Päppelbrei aus der Spritze.

die es besonders mag, ständig zur freien Verfügung an. Vor allem Kräuter wie Basilikum, Dill, Löwenzahn oder Melisse regen den Appetit an.

## Wärme tut gut

Kranke Degus kühlen schnell aus. Deshalb sollte man ihnen Wärme anbieten. Eine außerhalb des Geheges aufgestellte Rotlichtlampe sollte so angebracht werden, dass der Degu selbst entscheiden kann, ob er die Wärme nutzen möchte oder lieber nicht. Allerdings muss das Fleckchen, das gewärmt wird, auch für den Degu kuschelig und sicher sein. Achten Sie darauf, dass es innerhalb des Geheges an keiner Stelle wärmer als handwarm wird, sonst drohen Verbrennungen. Eine Glasflasche mit lauwarmem Wasser kann als Wärmeflasche dienen. Spezielle Heizkissen aus dem Fachmarkt, die in der Mikrowelle erwärmt werden, halten die Temperatur lange, aber manche Degus nagen sie schnell an und das wäre gefährlich.

## Der Abschied

Viele Degus schlafen im hohen Alter sanft für immer ein. Leider ist es nicht immer so. Wenn der Degu so stark erkrankt ist, dass eine Behandlung durch den Tierarzt keinen Erfolg zeigt, er über einen langen Zeitraum nicht mehr selbstständig frisst und er sich aufgegeben hat, dann ist es leider nötig, den Degu von Ihrem Tierarzt erlösen zu lassen.

**Liebevoll umsorgt** Kranke Degus wärmen sich manchmal gern an ihrem Halter und lassen sich kuscheln.

# Degu-verhalten

# Verstehen und vertrauen

---

**S. 62**

## Degulike

Degus sind immer in Aktion. Ein Tier ist fast nie allein und in der Gruppe ist immer viel los. Es wird gerangelt, gemeinsam geschlafen und zusammen gefressen. Dabei gibt es für alle Aktivitäten feste Rituale und klare Verhaltensregeln, die jeder Degu beherrschen muss.

**S. 66**

## Freunde werden

Degus sind neugierig auf ihre Menschen, aber sie sind auch vorsichtig. Wenn man sich ihnen langsam nähert, und mit Ruhe und Geduld agiert, sind meist echte Freundschaften möglich. Die kleinen Nager fressen aus der Hand und klettern auf ihrem Halter herum.

**S.68**

## Gesprächige Degus

Degus kommunizieren mit vielen Lauten miteinander. Sie knurren, quieken, fiepen, trällern und quietschen. Es sind eigentlich immer irgendwelche Laute aus dem Gehege zu hören, an denen man schon von Weitem erkennt, ob es den Tieren gut geht.

**S.70**

## Intelligente Degus

Degus sind sehr clever und lernfähig. Mit etwas Geduld können sie sogar kleine Kunststücke lernen.

**S.72**

## Nur einmal Babys?

Degubabys sind niedlich, keine Frage! Aber Babys großzuziehen bedeutet auch, Verantwortung für neues Leben zu übernehmen, und das ist nicht immer ganz einfach. Deshalb ist es notwendig, sich unbedingt vorab ausführlich über die Aufzucht zu informieren.

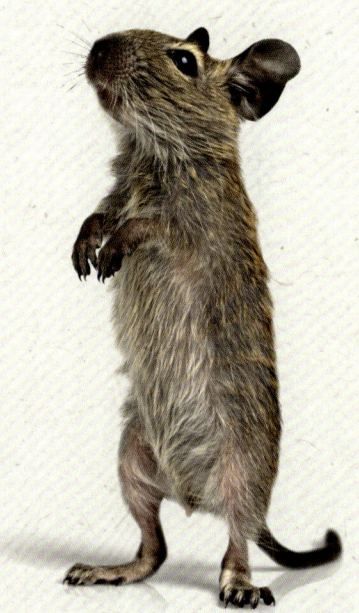

# Degulike –
# so sind Degus

**Schmusebedürftig** Für Degus ist enger Körperkontakt zu ihren Artgenossen enorm wichtig. Sie betreiben gegenseitig intensive Fellpflege und wenn sie schlafen, kuscheln sie sich eng aneinander. Dabei bilden sie sogar regelrechte Haufen, bei denen kaum noch zu erkennen ist, wo der eine Degu anfängt oder der nächste aufhört. Gemeinsam quetscht sich die ganze Gruppe in winzige Häuser, denn wo der eine Degu ist, da will der andere auch sein. Degus baden auch gern gemeinsam im Sandbad oder nutzen ihr Laufrad zusammen, was manchmal etwas problematisch wird, wenn ein Degu stehen bleibt und der andere durch die Luft gewirbelt wird. Es kommt nur sehr selten vor, dass sich ein Degu von der Gruppe zurückzieht, und meist hat das dann ernste Gründe wie Krankheit oder schwerwiegende Rangstreitigkeiten.

## Immer wachsam

Wild lebende Degus passen gut aufeinander auf. Während die Familie auf Futtersuche geht, passt immer mindestens ein Degu auf und behält die Umgebung im Blick. Droht Gefahr, stößt der Wächter schrille Warnpfiffe aus, woraufhin die

**Ein Herz und eine Seele** Kuscheln, fressen, streiten, nagen, nur zusammen macht das Deguleben Sinn.

ganze Gruppe sofort in ihre unterirdischen Gänge flitzt. Auch in der Heimtierhaltung sind solche Pfiffe zu hören, häufig verharren dann alle Gruppenmitglieder kurz bewegungslos, um dann doch lieber schnell in Deckung zu gehen.

## Freunde unter sich

Wenn sich zwei Degus aus einer Gruppe begegnen, dann beschnuppern sie sich im Maulbereich und putzen sich hinterher gegenseitig. Um ihre Position zu festigen, steigen sie dann teilweise auch aufeinander auf. Natürlich tun sie das auch, wenn sie paarungsbereit sind. Es kann allerdings auch bei besten Freunden aus der Gruppe zu Streit kommen, wenn sie sich begegnen. Sei es, dass man um einen Futterbrocken kämpfen muss oder aus irgendeinem anderen, für uns Halter nicht immer erkennbaren Grund. Dann umtänzeln sich die Degus auf den Hinterbeinen stehend, fiepen laut und boxen sich ein wenig mit den Vorderpfoten. Dabei fallen sie auch manchmal um und purzeln übereinander. Meist endet so ein kleiner Streit harmlos und das unterlegene Tier wird zwangsgeputzt oder es läuft weg.

## Gemeinsame Mahlzeiten

Degus schmeckt es nur dann richtig gut, wenn sie mit ihren Degukumpeln gemeinsam am Napf sitzen können. Und der Futterbrocken, den man dabei dem Nachbarn weggenommen hat, schmeckt umso besser. Es können auch noch zehn weitere identische Futterstücke im Napf sein, geklaut schmecken sie deutlich besser. Jungtiere lernen von ihrer Gruppe, was fressbar ist, indem sie am Maul der anderen schnuppern. Degus hamstern sogar ein wenig, fast alle Degus legen Futterdepots im Gehege an.

### GRUPPENLEBEN

1. **Schlafen** Am liebsten zusammengekuschelt.
2. **Fressen** Gemeinsam schmeckt es besser.
3. **Wohnen** Nester werden gut ausgepolstert.

# Bauplan Degu Anatomie und Sinne

### Das Fell

Das dichte Fell der Degus ist meist agoutifarben, das heißt, dass die Haare von schwarz zu hellbraun gebändert sind. An der Oberseite ist der Degu meist rötlich braun, am Bauch heller gefärbt.

### Der Körper

Degus wiegen im Schnitt zwischen 170 und 350 g. Sie sind zwischen 13 und 19 cm lang, dazu kommt noch der ca. 10–16 cm lange Schwanz. Der Körper ist birnenförmig mit rundem Rücken.

### Der Schwanz

Der dünn behaarte Schwanz der Degus ist immer in Bewegung. Er eignet sich gut als Balancierhilfe beim Klettern, als Stütze beim Aufrichten und Ruder beim Sprint. Er bricht allerdings sehr leicht ab, weshalb Degus nie am Schwanz hochgehoben werden dürfen.

## Die Ohren

Ihre trichterförmigen und sehr beweglichen Ohrmuscheln sind immer in Bewegung. Degus hören wesentlich mehr als wir. Ihr Frequenzbereich reicht bis 100 kHz, wir Menschen kommen nur bis maximal 20 kHz. Degus kommunizieren auch im Ultraschallbereich.

## Die Augen

Degus haben mehr lichtempfindliche Stäbchen als Menschen in den Augen und können sich damit in der Dämmerung besser orientieren. Dafür fehlen ihnen allerdings die Zapfen vom L-Typ für den roten Farbbereich. Sie haben nur Zapfen vom M-Typ, die gelbgrüne Farben wahrnehmen, und vom S-Typ, die das blauviolette Farbspektrum abdecken. Durch die auseinanderstehenden Augen haben sie einen guten Rundumblick, ihr räumliches Sehvermögen ist allerdings stark eingeschränkt.

## Die Nase

Die Nase der Degus nimmt Gerüche wahr, die wir Menschen kaum unterscheiden können. Sie haben gut dreimal mehr Riechzellen als Menschen. Am Geruch erkennen sie ihre Familie und ihr Futter. Sogar ihre Wege durch das Revier finden sie anhand der Duftmarken.

## Die Pfoten

An den Vorderpfoten haben Degus vier Zehen, der Daumen ist verkümmert, trotzdem können sie ihre Nahrung sehr gut festhalten. An den kräftigen Hinterbeinen haben sie sehr große, längliche Pfoten. Diese eignen sich gut zum Graben, bieten einen sicheren Stand, wenn sich die Degus aufrichten, und sorgen für Grip bei einem schnellen Sprint.

# Mensch und Tier: Freunde werden

**Kennenlernen** Nach wochenlanger Planung und Vorbereitung ist die muntere Degubande nun endlich eingezogen und hat ihr Reich in den letzten Tagen ausgiebig erkundet. Alle schauen schon neugierig, wenn Futter und Wasser ausgetauscht werden, huschen aber noch eher ängstlich weg, wenn der Mensch sich dem Gehege nähert. Nun ist es an der Zeit, die Degus an die Nähe ihres Menschen zu gewöhnen.

## Langsam annähern

Sind die Degus noch scheu, ist es wichtig, vorsichtig Kontakt mit ihnen aufzunehmen. Zu forsches Vorgehen, gar nach den Tieren greifen oder sie wecken, würde dafür sorgen, dass sie den Menschen als Bedrohung empfinden. Nehmen Sie sich anfangs viel Zeit. Setzen Sie sich auf einen bequemen Stuhl in Augenhöhe vor das Gehege und reden Sie mit den Tieren. Es ist egal, was Sie sagen, solange es gleichmäßig und ruhig vorgetragen wird. Sie können auch gern singen oder etwas vorlesen. So gewöhnen sich die Tiere an Ihre Stimme, Ihren Geruch und Ihre Gegenwart. Reden Sie auch bei der Fütterung mit ihnen und versuchen Sie feste Zeiten einzuhalten. Bald werden die Degus Sie zu diesen Zeiten erwarten. Wenn Sie nichts sagen, könnte jedes Geräusch, das Sie machen, die Degus irritieren und dafür sorgen, dass sie ängstlich weghuschen.

**Futter lockt** „Für ein Leckerchen kletter ich auch auf dich drauf! Also her damit!"

**Entdecken** Vorsichtig wird der Mensch erklettert und alle Höhen werden erkundet.

**Dicke Freunde**  Zahme Degus sitzen liebend gern auf der Schulter ihrer Menschen.

## Der erste Kontakt

Wenn ein Mensch vor dem Gehege sitzt, schauen die Degus neugierig, was der da wohl macht. Nun ist es an der Zeit, die Tür zu öffnen und direkten Kontakt aufzunehmen. Legen Sie Ihre Hand in das Gehege und locken Sie die Tiere mit ruhiger Stimme zu sich. Schon bald werden die Degus an Ihrer Hand schnuppern und diese erkunden. Es ist ein tolles Gefühl, wenn die Schnurrhaare an der Haut kitzeln und diese kleinen Wesen ihre leichten Pfötchen zum ersten Mal auf die Hand setzen und sich am Finger festhalten.

## Mit Futter zähmen?

Es wird gern dazu geraten, die Degus mit einem Leckerchen auf die Hand oder zum Gitter zu locken. Das Futter wird zwar gern genommen, aber es hat auch Nachteile: Wird es durch das Gitter gesteckt, fangen viele Degus an, noch intensiver am Gitter zu nagen, um zu betteln. Liegt ein Leckerchen auf der Hand, wird dieses die

Degus anlocken und sie dazu animieren, auf die Hand zu gehen und darauf sitzend die Leckerbissen zu verspeisen. Es führt aber auch oft dazu, dass die Degus den Menschen nur noch als Futterbringer sehen und vorwitzige Degus einen in die Hand beißen, wenn das Futter weg ist. Mit Futter locken ist also nur die letzte Möglichkeit, wenn die Tiere von sich aus keinen Kontakt aufnehmen wollen.

### KEINE ANGST VOR BISSEN!

Manchmal zwicken die Degus mit ihren Zähnen in die Hand, wenn sie diese untersuchen. Das ist nicht böse gemeint, sie knabbern sich auch gegenseitig im Fell. Es ist also eher eine vorwitzige Form der Annäherung. Übertreiben es die Degus mit den Bissen, stupsen Sie diese vorsichtig mit dem Zeigefinger weg. Richtig zubeißen werden die Degus nur, wenn sie sich von der Hand bedroht fühlen.

**„Was hast du da?"** Die beiden verstehen sich auch ohne Worte, ob er ihm wohl was abgibt?

# Die Degusprache

## Zähneknuspeln

Wenn Degus stark erregt sind, dann klappern sie schnell mit den Zähnen. Dieses Zähneknuspeln zeigt Angst, Unsicherheit oder Verärgerung. Knuspelt ein Degu bei der Kontaktaufnahme mit den Zähnen, ist Vorsicht angeraten, es könnte ein Biss folgen. Zähneknuspeln mit gesträubtem Fell ohne sichtbaren Grund kann auch ein Hinweis auf Schmerzen sein.

## Ein kurzer Pfiff

Der Warnruf für die Gruppe ist ein kurzer, aber dabei zweisilbiger Pfiff. Dieser Pfiff wird von Degus ausgestoßen, wenn sie etwas Beunruhigendes gesehen haben. Er veranlasst normalerweise die Gruppe dazu, wegzulaufen und sich zu verstecken. Manche kurze Pfiffe sorgen aber auch nur dafür, dass alle hochschauen und kurz innehalten.

## Wiederholte Pfiffe

Hohe, lang anhaltende, wiederholte Pfiffe zeigen an, dass dieser Degu frustriert, verärgert oder wütend ist. Es ist auch möglich, dass das Tier einen Unfall hatte, sich verletzt hat und unter Schmerzen leidet. Sexuelle Erregung kann ebenfalls dazu führen, dass Degus hohe Pfiffe ausstoßen und sich durchs Gehege jagen.

## Lautes Quieken

Dieses laute Quieken wird man kennenlernen, wenn man das Tier gegen seinen Willen hochnimmt oder es von einem Tierarzt behandelt wird. Untereinander verwenden Degus dieses laute Quieken nur, wenn sie von Artgenossen bedrängt werden oder sie mit der derzeitigen Situation sehr unzufrieden sind.

## Knurren

Ist der Degu richtig verärgert, knurrt er seine Umwelt an. Es ist ein tiefer, kehliger Laut und wenn dann noch Zähneknuspeln dazukommt, sollte man tunlichst Abstand nehmen.

## Quietschen, Trällern, Zwitschern, Gurgeln, Quäken

Degus verwenden sehr viele unterschiedliche Laute in verschiedenen Tonlagen für die Kommunikation untereinander. Kleine Auseinandersetzungen werden von Quietschern begleitet, es wird geträllert, wenn irgendwas nicht optimal erscheint, gegurgelt, wenn sie sich wohlfühlen, gepfiffen bei sexueller Erregung und die dadurch entstandenen Babys fiepen im Nest, wenn sie unsicher sind und sich allein gelassen fühlen. Wenn sie nicht gerade schlafen, haben Degus immer etwas zu erzählen. Beobachtet man seine Degus lange und intensiv und hört ihnen gut zu, wird man ihre Sprache bald verstehen und erkennt, welcher Degu gerade was zu erzählen hat.

„Hallo? Wann gibt es endlich Futter?" Auch Menschen werden über Kurz oder Lang angesprochen.

# Ganz schön clever!

**Handzahm**  Wenn die Degus gelernt haben, dass von Ihrer Hand keine Gefahr ausgeht, sie auf der Hand sitzen bleiben und sogar hin und wieder ein Leckerchen daraus nehmen, dann kann man auch intensiver mit diesen intelligenten Wesen interagieren.

## Sicher in den Auslauf

Zahme Degus sollten regelmäßig auf einer größeren, interessant eingerichteten Fläche Auslauf bekommen (siehe Seite 26). Wenn die Degus ihren Auslauf von sich aus aufsuchen können, wäre es perfekt, aber das ist leider nicht immer realisierbar. Wenn die Degus in den Auslauf gebracht werden, sollten sie auf der Hand sitzen bleiben, auch wenn Sie mit Ihrer zweiten Hand eine Höhle bilden, damit die Tiere nicht von der Hand fallen

oder springen können. Ist das nicht möglich, bieten Sie den Degus eine Dose mit Leckerchen an, in die sie klettern, um darin in den Auslauf gebracht zu werden. Zwingen Sie die Tiere nicht und lassen Sie ihnen Zeit. Sie brauchen vielleicht ein paar Tage, um die Sache mit der Dose zu verstehen.

## Klettergerüst Mensch

Was gibt es Spannenderes für einen Degu, als einen ganzen Menschen zu erkunden. Man ist gut beraten, wenn man ältere Kleidungsstücke aus Naturmaterialien anzieht, denn Degus haben keine Hemmungen auch teure Kleidung radikal mit Löchern zu versehen. Stecken Sie Ihre Haare hoch, denn Degus knabbern da gern mal dran, wenn sie auf der Schulter sitzen. Setzen Sie sich

**Sicherer Weg**  Durch den Pulloverärmel und über den Halter geht's in den Auslauf.

**Die Superman-Box**  Eine befüllte Box mit Heu und Leckerchen regt dazu an, sie zu erkunden.

leise sprechend zu den Degus in den Auslauf und geben Sie den Tieren Zeit, Sie zu erkunden. Bieten Sie erste Herausforderungen, indem Sie Leckerchen auf Ihre Beine legen, damit die Tiere hochklettern. Sobald die Degus Sie als Klettergerüst annehmen, können Sie die Leckerchen auf Ihrer Schulter platzieren. Ganz clevere Degus lernen sogar, Leckerchen aus der Hemdtasche zu holen.

## Fordern und fördern

Im Auslauf können die Degus auch zu verschiedenen Aktivitäten angeregt werden. Halten Sie dafür kleine Leckerchen bereit und versuchen Sie, die Tiere zu konditionieren. Auch ein Clicker kann dabei eingesetzt werden. Fangen Sie langsam an. Es reicht zuerst schon, wenn die Degus auf Zuruf zur Hand kommen. Wenn sie diese Herausforderung meistern, bekommen sie einen Click und ein Leckerchen. Klappt das relativ zuverlässig, können Sie es schwieriger gestalten. Locken Sie die Degus über kleine Hindernisse oder durch eine kurze Röhre und vergessen Sie die Belohnung nicht.

## Besonders clever

Manche Degus lernen sogar, Pappdeckel von Schüsseln zu nehmen, um darunter Leckerchen zu suchen. Bieten Sie drei verschieden aussehende Schüsseln an. Geben Sie das Leckerchen immer in eine ganz bestimmte Schüssel – mit der Zeit werden die Degus diese Schüssel gezielt ansteuern. Klappt dies, können Sie die Schüsseln mit Pappe abdecken, auch hier werden die Degus bald nur noch den richtigen Deckel abheben. Verschiedene Intelligenzspielzeuge aus Holz, die für Kaninchen oder Katzen angeboten werden, sind auch für Degus eine tolle Herausforderung.

### DAS EIERBECHERSPIEL

1. **Suchen** Wo mag das Leckerchen sein?
2. **Finden** Ach, hier unter dem Deckel.
3. **Freuen** Habe ich selbst gejagt!

# Die Sache mit dem Nachwuchs

**Mini-Degus** Der Wunsch nach kleinen Degubabys, die mit süßen, runden Köpfen, großen Augen und ungelenken Bewegungen durch die Welt tapsen, ist nur allzu verständlich. Aber diese Babys werden schnell erwachsen mit all ihren Ansprüchen; und ein gutes Zuhause für den Nachwuchs zu finden, ist oft nicht leicht. Die Tatsache, dass es in den Tierheimen und Notvermittlungen recht viele Degus gibt, zeigt deutlich, dass die Vermehrung der Tiere schnell aus dem Ruder läuft. Nur einmal Babys, um Kindern das Wunder der Geburt zu zeigen, ist auch keine gute Idee, denn die Kinder werden „ihre" Babys nicht abgeben wollen. Und alle zu behalten geht meist nicht.

## Nur einmal Nachwuchs?

Einfach irgendein Degupaar zusammenzusetzen, kann großen Schaden anrichten. Passen die Tiere nicht zusammen, können sie Krankheiten vererben, es kann zu Fehl- und Missgeburten kommen. Die Vermehrung kann schnell außer Kontrolle geraten, wenn die Tiere nicht rechtzeitig wieder getrennt werden, denn Deguweibchen können direkt nach der Geburt neu gedeckt werden. Bei einer Wurfstärke von fünf, in Ausnahmefällen bis zu zwölf Jungen können bei vier möglichen Würfen pro Jahr von nur einem Weibchen über 40 Babys geboren werden! Ich rate also dringend davon ab, die Tiere nur zum Spaß zu vermehren. Zu einer guten Zucht gehören: viel

**Mutterglück** Liebevoll umsorgt die Degumutter ihre kleinen Babys im Nest.

**Muntere Babys** Wenige Tage alt und schon ein komplett fertiger Degu, nun muss es nur noch wachsen.

**Mutterpflichten** Die Mutter hat viel damit zu tun, die wuseligen Babys immer wieder zurück in Sicherheit zu tragen.

Geld, Platz, Fachwissen über Genetik, Krankheiten, Ernährung und Haltung der Tiere und langjährige Erfahrung im Umgang mit Degus.

## Paarung und Trächtigkeit

Frühestens ab der sechsten, meist erst ab der achten Lebenswoche sind Deguweibchen etwa alle drei Wochen paarungsbereit. Die Degus umwerben sich, beknabbern und putzen sich und wirken sehr aufgeregt. Der Deckakt dauert nur wenige Sekunden. Die übliche Tragzeit beträgt, je nach Wurfgröße, zwischen 85 und 95 Tage. In der Zeit benötigt das Weibchen hochwertiges Futter und etwas mehr Eiweiß, Mineralien und Vitamine.

## Geburt und Entwicklung

Die Geburt findet meist in den frühen Morgenstunden statt, das Weibchen bekommt kurze Wehen und wird unruhig. Die Jungen werden im Sitzen geboren, die Mutter zieht die Jungen mit den Zähnen heraus, nabelt sie ab und leckt sie trocken. Die Jungen kommen durch die lange Tragzeit weit entwickelt zur Welt. Sie haben ein Gewicht von ca. 10–20 g, verfügen über ein dünnes, aber durchgehendes Fell und besitzen schon ihre Nagezähnchen. Die Augen öffnen sich bald nach der Geburt. Die Mutter verfügt über acht Zitzen, damit säugt sie die Jungen bis zu vier Wochen. Aber schon nach wenigen Tagen probieren die Babys auf ihren Ausflügen durch das Gehege feste Nahrung. Sie können dann auch sitzen, sich selbstständig putzen und sind flink unterwegs. Nach etwa vier Wochen bekommen Sie ihr dunkles Erwachsenenfell. Frühestens mit fünf, besser aber erst mit sieben Wochen dürfen die Jungen, von den Eltern getrennt, in ein neues Zuhause ziehen und müssen dann nach Geschlecht getrennt werden. Es wäre optimal, wenn sie im neuen Zuhause mit älteren Degus zusammenleben, um von ihnen zu lernen.

# Sicherheit für Jung und Alt

**Ein jeder weiß:** Babys verändern alles. Das gilt auch für die kleinen Degubabys. Haben Sie sehr junge Tiere aufgenommen oder gab es Nachwuchs, dann benötigen diese winzigen Wesen ganz besondere Pflege und Vorsichtsmaßnahmen, um in Sicherheit aufzuwachsen.

## Alles sicher?

Schon wenige Tage nach der Geburt hüpfen junge Degus munter durch ihre kleine Welt und erkunden alles neugierig und unvorsichtig. Leider stellen sie sich dabei nicht sonderlich geschickt an und deshalb ist es nötig, das Gehege so sicher wie möglich für die kleinen Wesen einzurichten. Kurz vor der Geburt wird das Laufrad für ein paar Wochen entfernt, denn die kleinen Degus können im Rad noch nicht bremsen und würden auch von älteren Degus gnadenlos herumgeschleudert und dabei verletzt werden.

Alle Öffnungen in Wurzeln, Häusern und Spielzeugen müssen überprüft werden. Sie sollten entweder so groß sein, dass auch ein erwachsener Degu problemlos hindurchkommt oder sie müssen komplett verschlossen werden.

Verwenden Sie keine hohen Wassernäpfe, darin können die Degukinder ertrinken. Bieten Sie für ein paar Wochen eine hoch hängende und nagesichere Wasserflasche an.

**Wild und verwegen** Jungtiere sind ziemlich übermütig und probieren riskante Klettermanöver aus.

**Große Welt** Neugierig blickt der kleine Degu sich in seiner neuen Welt um, was gibt es wohl als Nächstes zu entdecken?

**Extraportion** Sehr junge und ganz alte Tiere benötigen mitunter mehr Protein, Fett und somit ein Extra-Leckerchen.

## Spannende Welt

Gerade in den ersten Lebenswochen lernen Degukinder von ihrer Familie, was sie fressen dürfen, was schmeckt und was gut verträglich ist. Daher ist es wichtig, ihnen ein möglichst breites Angebot an Futterarten anzubieten. Fangen Sie mit geringen Mengen an, denn die empfindliche Verdauung der kleinen Wesen verträgt nur kleine Mengen an ungewohntem Frischfutter. Geben Sie täglich etwas Neues ins Gehege, so trainieren Sie die Sinne der jungen Entdecker. Blätterberge, Wurzeln, eine Kiste mit Terrarienerde oder ein Toilettenpapierstreifen können kleine Degus lange beschäftigen.

## Der alte Degu

Aus kleinen Degus werden große Degus und schon mit etwa vier Jahren zeigen die meisten Degus deutliche Alterserscheinungen. Das Fell wird struppiger und etwas lichter, die Augen verlieren ein wenig an Glanz und werden manchmal trüber, der alte Degu verliert an Gewicht, die Bewegungen werden staksiger und das Schlafbedürfnis wird größer.

## Seniorengerecht

Steile Rampen und große Sprünge mögen die alten Herrschaften nicht mehr, richten Sie das Gehege entsprechend seniorengerecht ein. Bringen Sie mehr Etagen an, damit die Tiere nicht weit springen müssen und nicht tief fallen können. Verteilen Sie Heu auch an den Schlafplätzen der älteren Herrschaften. Trockenfutter und Wasser sollten vom Schlafplatz aus leicht zu erreichen sein. Ältere Degus dürfen auch häufiger mal ein proteinreiches Leckerchen oder eine extra Nuss bekommen und ihre (Lieblings)gemüsestückchen werden ihnen direkt von Hand angeboten oder vor die Nase gelegt.

## Der letzte Degu

Irgendwann ist es soweit: Die Degus sind alt geworden und verstarben einer nach dem anderen und nun ist nur noch einer übrig. Der alte Degu würde sehr unter Einzelhaltung leiden. Suchen Sie für Ihr letztes Tier ein neues Zuhause in einer Degugruppe, auch wenn es Ihnen schwer fällt, ihn abzugeben. Oder nehmen Sie ein Pflegetier als Partner auf.

# Degu-Service

## Zum Weiterlesen

Beißwenger, Alexandra: **Degus.** GU

Dreyer, Eva Maria: **Essbare Wildkräuter und ihre giftigen Doppelgänger.** Kosmos

Gumnior, Stefan: **Degus. Biologie – Haltung – Zucht.** Natur und Tier-Verlag

**Rodentia** Kleinsäuger Fachmagazin

## Zum Weiterklicken

**www.nager-info.de**
Ausführliche Informationen rund um Degus und weitere Nager.

**www.degupedia.de**
Das Wiki rund um den Degu.

**octodons.ch/**
Wissenswertes rund um den Degu.

## Degu gesucht?

Die Vereine und Organisationen vermitteln Degus:

**www.deguhilfe-sued.de**
Deguhilfe Süd e. V.

**www.nagerschutz.de**
Nagerschutz, Hilfe für die Kleinsten

## Einkaufstipps

**www.rodipet.de**
Bei Rodipet gibt es artgerechtes Futter und tolles Zubehör.

**www.hasenhaus-im-odenwald.de**
Beim Hasenhaus bekommen Sie Futtermischungen, Einzelkomponenten und Zubehör.

**www.heukauf.de/**
Heukauf bietet hochwertiges Bioheu an.

## Dank

Ich danke der Firma Rodipet, die uns für die Fotos viele tolle Einrichtungsgegenstände und Futter zur Verfügung gestellt hat. Angela Heider-Willms, Simona Boger und Carsten Kühne danke ich für die Degu-Fotomodelle. Bei allen Korrekturlesern, besonders bei Dr. med. vet. Bernhard Lazarz, Tina Langen, Gabi Desch, bedanke ich mich für ihre Anregungen zum Buch. Heike Schmidt-Röger gebührt großer Dank für die aussagekräftigen und tollen Degufotos. Und unseren Degunotfellchen danke ich für ihre gnadenlose Zerschredderung der Gehegeschwachstellen, wodurch wir viel über Degugehege und Einrichtung gelernt haben. Und natürlich dafür, dass wir sie beobachten und kennenlernen durften.

# Register

**Bildnachweis**
91 Farbfotos wurden von Heike Schmidt-Röger/Kosmos für dieses Buch aufgenommen.
Weitere Farbfotos von Oliver Giel (10: S. 14, 15 beide, 16, 72 beide, 73, 74, 75 beide),
Shutterstock (Marie Dirgova/1: S.80, Andreea Dragomir/1: S. 9, Oleg Koslov/2: S. 61 u.
und 64, Sofia Kozlova/1: S. 30, QueSeraSera/1: S. 8), Tierfotoarchiv-Drewka/Kosmos
(5: S. 38 u., 39 beide, 48 beide)

**Impressum**
Umschlaggestaltung von GRAMISCI Editorialdesign unter Verwendung eines Farbfotos von
Shutterstock/Oleg Kozlov (U1), und acht Farbfotos von Heike Schmidt-Röger/Kosmos (U4 und Klappen).

Mit 120 Farbfotos

Unser gesamtes Programm finden Sie unter **kosmos.de**.
Über Neuigkeiten informieren Sie regelmäßig unsere
Newsletter, einfach anmelden unter **kosmos.de/newsletter**

Gedruckt auf chlorfrei gebleichtem Papier

© 2019, Franckh-Kosmos Verlags-GmbH & Co. KG, Stuttgart
Alle Rechte vorbehalten
ISBN 978-3-440-15995-8
Redaktion: Alice Rieger
Gestaltungskonzept: GRAMISCI Editorialdesign, München
Gestaltung und Satz: DOPPELPUNKT, Stuttgart
Produktion: Andrea Hehn
Druck und Bindung: Westermann Druck Zwickau GmbH, Zwickau
Printed in Germany / Imprime en Allemagne

FSC
www.fsc.org
MIX
Papier aus ver-
antwortungsvollen
Quellen
FSC® C110508